もくじと学習の

月　日　答え ➡ 別さつ 1ページ

3年のふく習 ①

時間 25分
合かく 80点
とく点　点

1 次の計算をしなさい。(8点/1つ2点)

(1) $\begin{array}{r} 526 \\ +497 \\ \hline \end{array}$　(2) $\begin{array}{r} 836 \\ -357 \\ \hline \end{array}$　(3) $\begin{array}{r} 4325 \\ +1875 \\ \hline \end{array}$　(4) $\begin{array}{r} 6728 \\ -2895 \\ \hline \end{array}$

2 次のかけ算をしなさい。(8点/1つ2点)

(1) $\begin{array}{r} 68 \\ \times 37 \\ \hline \end{array}$　(2) $\begin{array}{r} 29 \\ \times 53 \\ \hline \end{array}$　(3) $\begin{array}{r} 457 \\ \times \quad 76 \\ \hline \end{array}$　(4) $\begin{array}{r} 805 \\ \times \quad 24 \\ \hline \end{array}$

3 次のわり算をしなさい。わり切れないものは，あまりも出しなさい。
(18点/1つ3点)

(1) $45 \div 9$　(2) $56 \div 8$　(3) $27 \div 7$

(4) $52 \div 6$　(5) $96 \div 3$　(6) $34 \div 4$

4 次の計算をしなさい。(16点/1つ2点)

(1) $1.6+2.5$　(2) $5+0.6$

(3) $5.4-2.9$　(4) $8-6.3$

(5) $\frac{3}{5}+\frac{1}{5}$　(6) $\frac{2}{7}+\frac{5}{7}$

(7) $1-\frac{1}{4}$　(8) $\frac{7}{9}-\frac{2}{9}$

5 次の□にあてはまる数を書きなさい。(20点/1つ2点)

(1) 5600 g=□kg□g　(2) 3 kg 500 g=□g

(3) 1 t=□kg　(4) 1 km=□m

(5) 5 km 286 m=□m　(6) 2 km 50 m=□m

(7) 2.4 L=□dL　(8) 3200 m=□km

(9) 2 分 30秒=□秒　(10) 106 秒=□分□秒

6 次の□にあてはまる不《ふ》等号《とうごう》を書きなさい。(18点/1つ3点)

(1) 2 kg 50 g □ 2500 g　(2) 4 kg □ 600 g

(3) 3 km □ 600 m　(4) 1 km 20 m □ 1200 m

(5) 4 km 500 m □ 4700 m　(6) 3 km □ 2 km 900 m

7 次の計算をしなさい。(12点/1つ6点)

(1)
　2時間 40 分
＋3時間 50 分

(2)
　8分 20 秒
－2分 30 秒

3年のふく習②

月　日　答え ➡別さつ 1ページ

時間 25分　合かく 80点　とく点　点

1 ひかりさんの学校の４年生について，どんな本がすきかを調べて，右のような表をつくりました。

(24点/１つ８点)

4年生のすきな本調べ

本	人数(人)
物　語	20
伝《でん》　記《き》	36
事《じ》　典《てん》	12
図かん	9
合　計	

(1) 人数の多い順《じゅん》に，本の名前を書きなさい。

[　　　　　　　　]

(2) 伝記がすきな人は，図かんがすきな人の何倍ですか。

[　　　　]

(3) ４年生は，みんなで何人ですか。

[　　　　]

2 下の表は，かいとさんの学校で，４月にけがをした人の数を，けがの種類別《しゅるいべつ》にまとめたものです。㋐から㋗にあてはまる数を答えなさい。

(24点/１つ３点)

学年別けがの種類調べ(人)

種類＼学年	1年	2年	3年	4年	5年	6年	合計
すりきず	4	㋑	5	4	2	㋕	21
切りきず	㋐	2	㋒	1	3	2	11
うちみ	2	1	2	0	㋔	3	9
その他	2	2	0	㋓	3	2	㋖
合　計	9	8	9	6	9	10	㋗

㋐[　　]　㋑[　　]　㋒[　　]　㋓[　　]　㋔[　　]

㋕[　　]　㋖[　　]　㋗[　　]

3 下の表は，ゆうなさんの組で，好《す》きな食べ物調べをしたものです。表を見て，ぼうグラフに表しなさい。(20点)

好きな食べ物調べ

好きな食べ物	人数(人)
カレー	12
ラーメン	8
やきそば	6
ハンバーグ	3
その他	6
合　計	35

4 けいこさんは，家の前の道を通る乗り物の数を調べて，右のグラフにまとめました。(32点/1つ8点)

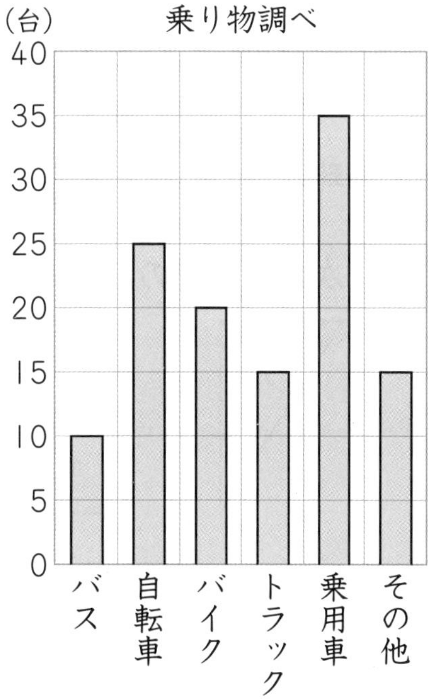

(1) このグラフの１目もりは，いくらですか。

(2) いちばん多い乗り物は何ですか。

(3) トラックは何台通りましたか。

(4) バイクはバスの何倍ですか。

3年のふく習③

月　　日　答え ➡ 別さつ 2ページ

時間 25分　合かく 80点　とく点　　点

1 次の□にあてはまる数やことばを書きなさい。（30点/1つ6点）

(1) 円の中心を通り，円のまわりからまわりまでひいた直線を□といいます。

(2) 直径《ちょっけい》の長さは，半径の□倍です。

(3) 正三角形は，3つの□の長さが等しく，3つの□の大きさも等しいです。

(4) 球を半分に切ると，切り口は□になります。

(5) 球は，どこを切っても，切り口は□になります。

2 次の三角形のうち，二等辺三角形はどれですか。（10点）

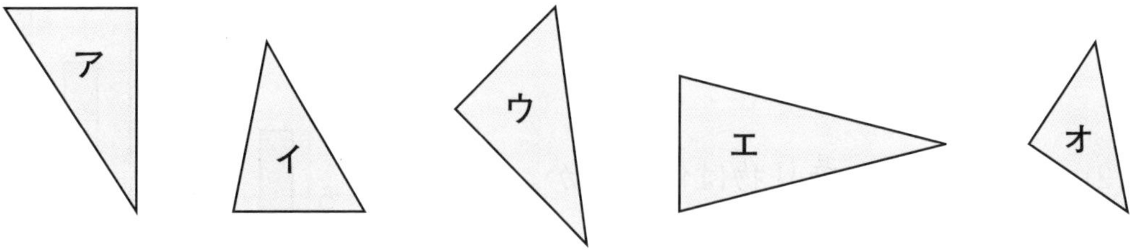

［　　　　］

3 次の三角形のうち，正三角形はどれですか。（10点）

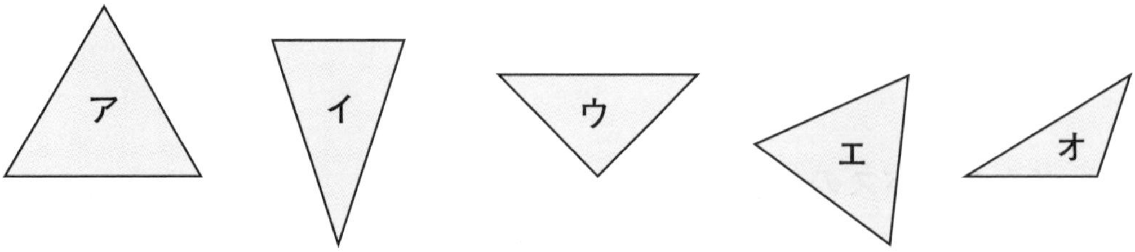

［　　　　］

4 正三角形のカードを，右の図のようにならべました。

(20点/1つ10点)

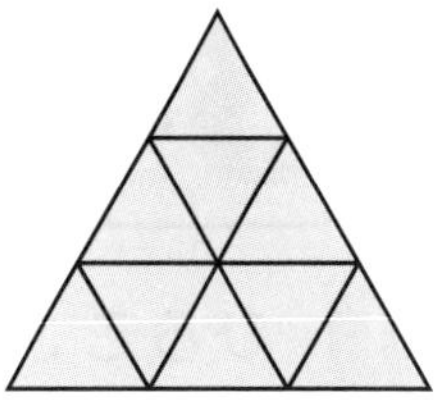

(1) この中に，正三角形は全部で何こありますか。いろいろな場合を考えなさい。

〔　　　　〕

(2) 右上の図を２つにおると，ぴったりと重なる折《お》り方は，何通りありますか。

〔　　　　〕

5 半径６cmの円を４つ，右の図のようにかきました。円の中心を通る直線AB《エービー》の長さは何cmですか。(10点)

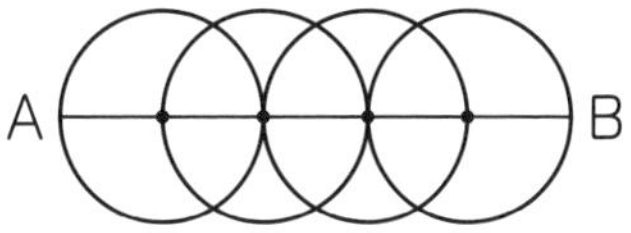

〔　　　　〕

6 箱に６このボールがきっちりはいっています。

(20点/1つ10点)

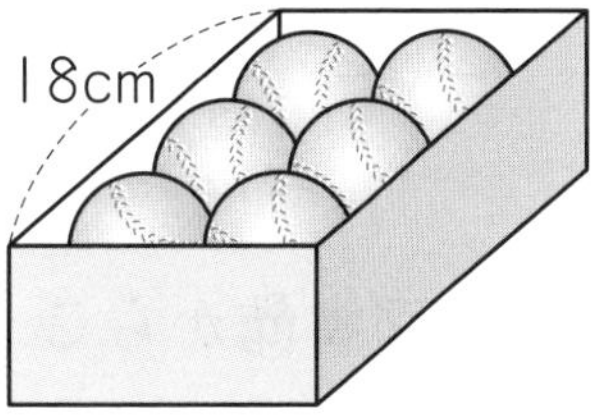

(1) このボールの直径は何cmですか。

〔　　　　〕

(2) このボールを，高さ40cmのつつに，右の図のように入れていきます。ボールは何こはいりますか。

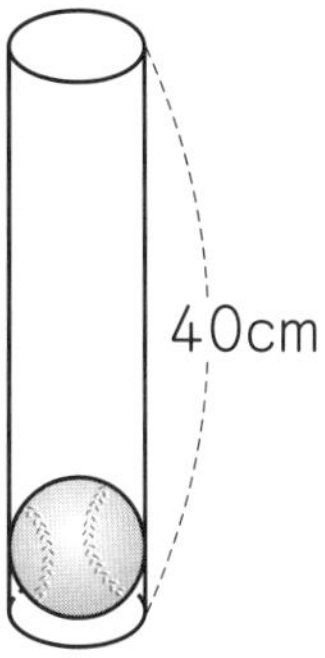

〔　　　　〕

3年のふく習 ④

月　日　答え ➡ 別さつ 2ページ

時間 25分　合かく 80点　とく点　点

1 ひろこさんは，夕食の前に 1 時間 45 分勉強をします。また，夕食は，勉強のあとすぐに 6 時 20 分からはじまります。（20 点/1 つ 10 点）

(1) 勉強をはじめたのは，何時何分ですか。

〔　　　　〕

(2) 夕食は 45 分かかりました。夕食が終わったのは，何時何分ですか。

〔　　　　〕

2 こうたさんの家から，図書館と公民館《こうみんかん》への道のりは，右の図のとおりです。（20 点/1 つ 10 点）

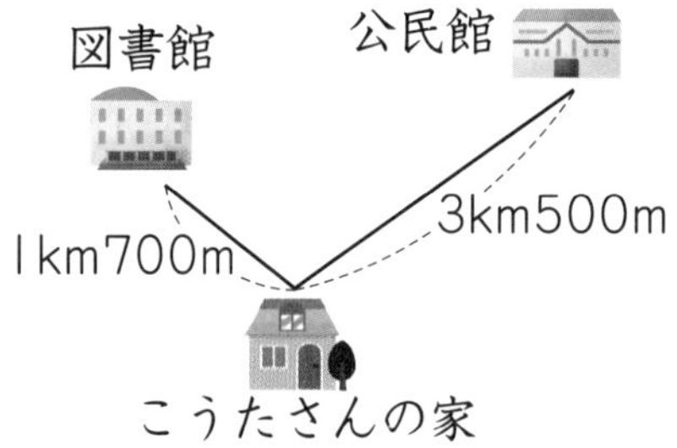

(1) こうたさんの家から，図書館と公民館では，どちらのほうが何 km 何 m 近いですか。

〔　　　　〕

(2) 図書館からこうたさんの家を通って公民館まで行く道のりは，何 km 何 m ですか。

〔　　　　〕

3 みかんをかごに入れてはかったら，2 kg 200 g ありました。かごの重さは 350 g あります。みかんの重さは何 kg 何 g ですか。（10 点）

〔　　　　〕

4 コーヒーが 2.8 dL と，牛にゅうが 5.7 dL あります。（20 点/1 つ 10 点）

(1) コーヒーと牛にゅうを全部あわせて，コーヒー牛にゅうをつくると，何 dL になりますか。

〔　　　　〕

(2) コーヒーと牛にゅうでは，どちらが何 dL 多いですか。

〔　　　　〕

5 えん筆が 79 本あります。このえん筆を 8 人で同じ数ずつ分けると，何本ずつ分けられますか。また，何本残《のこ》りますか。（10 点）

〔　　　　〕

6 あかりさんのクラスは，遠足で動物園に行きます。動物園の入園料《にゅうえんりょう》は 1 人 185 円で，あかりさんのクラスは 27 人います。
入園料は全部で，何円いりますか。（10 点）

〔　　　　〕

7 $\frac{6}{7}$ m のテープがあります。そのテープから $\frac{2}{7}$ m 使いました。残りは，何 m になりますか。（10 点）

〔　　　　〕

月　　日　答え ➡ 別さつ2ページ

1 大きい数のしくみ

要点のまとめ

❶ 位《くらい》と表し方

✓大きい数の位と表し方は，右のようになっています。

3	2	1	0	9	8	7	6	5	4	3	2	1
一兆《ちょう》の位	千億の位	百億の位	十億の位	一億《おく》の位	千万の位	百万の位	十万の位	一万の位	千の位	百の位	十の位	一の位

❷ 整数のしくみ

✓整数を 10 倍すると，位は 1 つずつ上に上がります。

また，10 でわる $\left(\frac{1}{10}\text{にする}\right)$ と，位は 1 つずつ下に下がります。

34000000000
3400000000 （10 倍する ↑）
340000000 （10 でわる $\left(\frac{1}{10}\text{にする}\right)$ ↓）

ステップ 1

1 次の国の人口はどれだけですか。その人数を読んで，漢字で書きなさい。

A国　125860000 人　〔　　　　　　〕

B国　386490000 人　〔　　　　　　〕

C国　73090000 人　〔　　　　　　〕

2 次の数を数字で書きなさい。

(1) 一億を 3 こと，一万を 3500 こあわせた数

〔　　　　　　〕

(2) 一億を 26 こと，一万を 4080 こあわせた数

〔　　　　　　〕

(3) 一兆を 10 こと，一億を 9000 こと，一万を 1800 こあわせた数

〔　　　　　　〕

重要 3 次の数を書きなさい。

(1) 260万を10倍した数　〔　　　　〕

(2) 3700万を100倍した数　〔　　　　〕

(3) 4兆を10でわった数　〔　　　　〕

(4) 86億を$\frac{1}{10}$にした数　〔　　　　〕

重要 4 次の矢印《やじるし》のところの数を書きなさい。

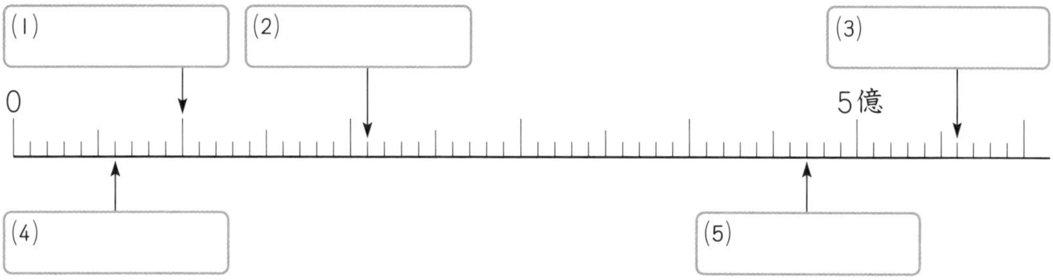

5 どちらの数が大きいですか。□に不等号《ふとうごう》を書きなさい。

(1) 5423580000 □ 5423581000

(2) 245億 □ 254億

(3) 3億 □ 3304万

6 次の計算をしなさい。

(1) 42億+13億

(2) 7500億+2500億

(3) 23兆−8兆

(4) 502億−292億

かくにんしよう

大きい数は，一の位から4けたずつくぎると，読みやすくなります。
数を10倍すると，位が1つ上がり，もとの数の右に0を1こつけた数になります。
一の位の数が0の数を10でわると，位が1つ下がり，一の位の0をとった数になります。

月　日　答え ➡別さつ3ページ

STEP 2 ステップ2

時間 30分　合かく 80点　とく点　点

1 4735000000 について，次の問いの□にあてはまる数字や数を書きなさい。(12点/1つ4点)

(1) 一億《おく》の位《くらい》の数字は□です。

(2) この数は，一億を□こと，一万を□こあわせたものです。

(3) この数は，百万が□こ集まったものです。

2 次の数を求《もと》めなさい。(24点/1つ4点)

(1) 9999999999 より 1 大きい数

〔　　〕

(2) 1 兆《ちょう》より 1000 億小さい数

〔　　〕

(3) 100 億を 100 倍した数

〔　　〕

(4) 50 億より 2 億小さい数

〔　　〕

(5) 6 兆を $\frac{1}{10}$ にした数

〔　　〕

(6) 10 億を 100 でわった数

〔　　〕

3 次の数直線の矢印《やじるし》のところの数を書きなさい。(20点/1つ4点)

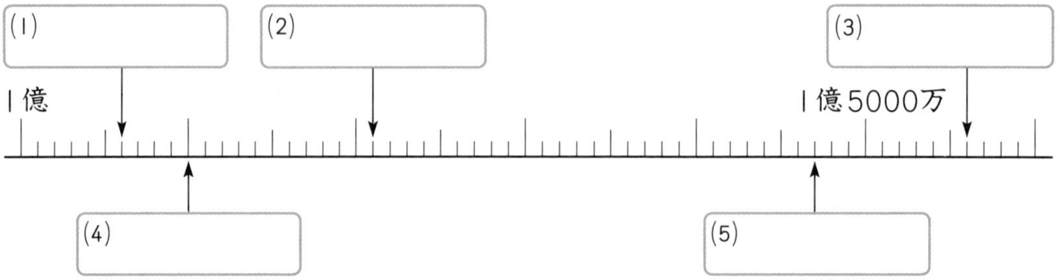

4 次の数を，大きい順《じゅん》にならべ記号で書きなさい。(4点)

ア 4724000　　イ 4726000　　ウ 4719000　　エ 473800

〔　　　　　　　　〕

5 次の計算をしなさい。(30点/1つ5点)

(1) 325×516　　(2) 65×478　　(3) 308×604

(4) 1700×390　　(5) 620×4300　　(6) 48億×70

重要 **6** 0から9までの10この数字を1回ずつ使って，整数をつくります。

(10点/1つ5点)

(1) いちばん大きい数はいくらになりますか。

〔　　　　　　　　〕

(2) 10けたの整数でいちばん小さい数はいくらですか。

〔　　　　　　　　〕

答え ➡ 別さつ3ページ

2 計算の順《じゅん》じょときまり

要点のまとめ

❶ 計算の順《じゅん》じょ

①ふつうは，左から順に計算します。

②(　)があるときは，**(　)の中を先に**計算します。

③かけ算・わり算と，たし算・ひき算とがまじっているときは，**かけ算・わり算を先に**計算します。

❷ 計算のきまり

①**交かんのきまり**…もとの数とたす数(かける数)をとりかえても，和(積《せき》)は変《か》わりません。これを，式で次のように表します。

■＋▲＝▲＋■　　　■×▲＝▲×■

②**結合《けつごう》のきまり**…計算の順じょをかえても和(積)は変わりません。

(■＋▲)＋●＝■＋(▲＋●)　　(■×▲)×●＝■×(▲×●)

③**分配のきまり**

(■＋▲)×●＝■×●＋▲×●　　(■－▲)×●＝■×●－▲×●

ステップ1

重要 **1** 次の計算をしなさい。

(1) 500－(90＋210)　　(2) 80＋(100－30)

(3) 6×(50＋10)　　(4) 7×(14－8)

(5) (12＋8)×3　　(6) (39－9)×10

(7) 64÷(6＋2)　　(8) 28÷(12－5)

重要 **2** 次の計算をしなさい。

(1) 9×5+5　　(2) 32÷4+2

(3) 10×21−10　　(4) 490÷7+3

(5) 12−2×3　　(6) 8+4÷2

(7) 99+54÷9　　(8) 309−77÷7

3 計算のきまりを使って，次の□にあてはまる数を書きなさい。

(1) (214+120)+130=□+(120+130)

(2) 12×7×35=□×12×35

(3) (147+12)×58=147×□+12×58

(4) 485×15−365×15=(485−365)×□

4 次の□にあてはまる数を書きなさい。

(1) 121×5=(□+21)×5
=□×5+21×5
=□+105=□

(2) 236÷4=(□+36)÷4
=□÷4+36÷4
=□+9=□

かくにんしよう

(　)を使った式では，(　)の中をまず計算します。
交かんのきまり・結合のきまりは，たし算・かけ算のときにあてはまります。ひき算・わり算のときは，あてはまりません。

月　日　答え ➡ 別さつ4ページ

STEP 2

ステップ 2

時間 30分
合かく 80点
とく点　点

1 次の問題文を，(　)を使った1つの式に表しなさい。(6点/1つ3点)

(1) 重さ400 g のねん土を，男子5人と女子3人で同じ重さずつに分けると，1人分は50 g になりました。

〔　　　　　　　　　　〕

(2) 120円のノート5さつと，1本45円のえん筆を5本買うと，代金の合計は825円になります。

〔　　　　　　　　　　〕

重要 2 次の計算をしなさい。(42点/1つ3点)

(1) $46+83-24+17$

(2) $230-(45+90-35)$

(3) $475-75\times4+50$

(4) $9+18\div9-5$

(5) $30\times6-25\times5$

(6) $64\div4+54\div3$

(7) $23\times(20+5\times3)$

(8) $640\div(53-45)\div4$

(9) $14+6\times5$

(10) $96-16\div8$

(11) $(46\times3+5)\times(7-3)$

(12) $72\div8\times(121-101)$

(13) $80\div4+(47+3)\times2$

(14) $332\times35-35\times130-70$

重要 **3** くふうした計算になるように，次の□にあてはまる数を書きなさい。

（12点/1つ1点）

(1) $4\times37\times25=4\times\square\times37=\square\times37=\square$

(2) $8\times34+26\times8=(34+26)\times\square=\square\times8=\square$

(3) $1.2+0.6+1.3+1.7+1.4+0.8$

$=(1.2+0.8)+(0.6+\square)+(1.7+\square)$

$=\square+\square+\square=\square$

4 次の□に＋，－，×，÷を入れて，等号がなりたつようにしなさい。

（20点/1つ5点）

(1) $74-(38-27)=74-38\ \square\ 27$

(2) $63-35+16=63-(35\ \square\ 16)$

(3) $84\times(12\div6)=84\times12\ \square\ 6$

(4) $84\div(12\div6)=84\div12\ \square\ 6$

5 次の□にあてはまる等号や不《ふ》等号《とうごう》を書きなさい。（20点/1つ5点）

(1) $(90-43)-16\ \square\ 90-(43-16)$

(2) $(84\times8)\times32\ \square\ 84\times(8\times32)$

(3) $(64\div8)\div2\ \square\ 64\div(8\div2)$

(4) $8\times4+4\times13\ \square\ (8+4)\times13$

3 わり算の筆算 ①

要点のまとめ

① 1けたの数でわるわり算のしかた

- 商の見当をつけたとき，たてた商が大きすぎたり小さすぎたりしたときは，この商を１ずつ変《か》えていきます。
- 見当をつけた商のことを**かりの商**といいます。
- わられる数に，残《のこ》っている位《くらい》があるときは，次の位をおろして，くりかえします。

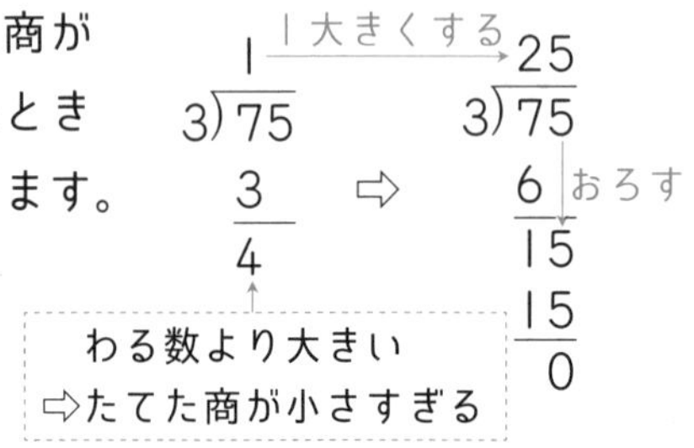

ステップ1

1 次のわり算をしなさい。

(1) 80÷4　　(2) 120÷3

(3) 480÷6　　(4) 90÷10

(5) 600÷3　　(6) 240÷4

(7) 350÷5　　(8) 820÷10

(9) 5400÷9　　(10) 3800÷100

書いてまとめる **2** ア，イのどちらの計算が正しいですか。また，そのわけを説明《せつめい》しなさい。

ア
```
   1
4)96
   4
   5
```

イ
```
   2
4)96
   8
   1
```

[　　　　　　　　]

重要 3 次のわり算の答えのはじめの数は，何の位にたちますか。

(1) $6\overline{)66}$

(2) $3\overline{)138}$

(3) $5\overline{)805}$

〔　　　　〕　〔　　　　〕　〔　　　　〕

重要 4 次のわり算をしなさい。

(1) $5\overline{)35}$

(2) $4\overline{)84}$

(3) $6\overline{)72}$

(4) $3\overline{)81}$

(5) $3\overline{)396}$

(6) $4\overline{)652}$

(7) $5\overline{)785}$

(8) $6\overline{)456}$

(9) $8\overline{)824}$

5 次のわり算をしなさい。

(1) $3\overline{)53}$

(2) $4\overline{)371}$

(3) $5\overline{)458}$

月　日 答え ➡別さつ5ページ

ステップ 2

時間 30分
合かく 80点

とく点　　点

1 次の計算をしなさい。わり切れないものは，あまりも出しなさい。

（36点/1つ3点）

(1) $2\overline{)27}$　(2) $4\overline{)94}$　(3) $6\overline{)96}$　(4) $3\overline{)81}$

(5) $7\overline{)784}$　(6) $2\overline{)684}$　(7) $3\overline{)835}$　(8) $5\overline{)515}$

(9) $6\overline{)4464}$　(10) $5\overline{)3365}$　(11) $4\overline{)1360}$　(12) $8\overline{)1852}$

2 次の計算の答えにまちがいがあれば，正しくなおしなさい。

（20点/1つ5点）

(1) 91÷9=9 あまり 10
〔　　　　〕

(2) 600÷9=55 あまり 5
〔　　　　〕

(3) 865÷7=123 あまり 4
〔　　　　〕

(4) 946÷3=312 あまり 10
〔　　　　〕

3 次のわり算をしなさい。(15 点/1 つ 5 点)

(1) 457÷7　　(2) 1813÷3　　(3) 2053÷6

4 1 年(365 日)は，何週間と何日ありますか。(7 点)

〔　　　　　　〕

重要 **5** ひろこさんの学校の児《じ》童《どう》の数は 546 人です。全員が 4 人がけの長いすにすわります。長いすは，全部で何きゃくあればよいですか。(7 点)

〔　　　　　　〕

6 992 このあめがあります。1 箱に 8 こずつ入れることにしました。何箱できますか。(7 点)

〔　　　　　　〕

7 リボンが 30 m あります。このリボンから，1 こ 8 cm の記章をつくります。何こつくることができますか。(8 点)

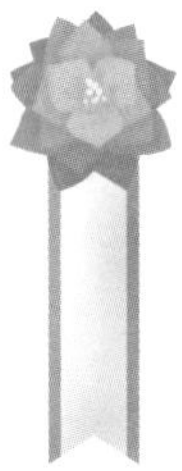

〔　　　　　　〕

月　　日　答え ➡ 別さつ5ページ

4 わり算の筆算 ②

要点のまとめ

❶ 2けたの数でわるわり算のしかた

✓右のように，18 を約《やく》20 とみて，**商の見当**をつけます。もし，商が大きすぎたり小さすぎたりしたときは，この商を 1 ずつ変《か》えていきます。

```
     2              25
18)450          18)450
   36     ⇨        36  おろす
    9               90
                    90
                     0
```

❷ わり算のたしかめ

✓あまりのあるわり算のたしかめは，次の式を使います。

わられる数=わる数×商+あまり

ステップ 1

1 次の計算をしなさい。

(1) 270÷30　　(2) 240÷60

(3) 560÷70　　(4) 340÷40

(5) 170÷40　　(6) 240÷70

2 次の□にあてはまる数を書きなさい。

(1)
```
     3
24)7 2
   □□
     □
```

(2)
```
      □
13)6 4
   5 2
   □□
```

(3)
```
     4 □
18)7 7 4
   □□
     □ 4
     □□
       □
```

3 次の商をたしかめる式を書きなさい。

(1) 256÷32=8　　(2) 507÷23=22 あまり 1

4 次の計算をしなさい。

(1) 52)362　　(2) 34)312　　(3) 28)256

(4) 69)897　　(5) 47)642　　(6) 23)478

重要 **5** 次の計算をして，商のたしかめもしなさい。

(1) 432÷13　　(2) 802÷17　　(3) 976÷32

(4) 844÷26　　(5) 784÷32　　(6) 790÷27

かくにんしよう

わられる数に，残《のこ》っている位《くらい》があるときは，次の位をおろして，くり返します。
次の位をおろしたとき，わる数より小さい数になったら，商に0をたてます。

月　日　答え ➡ 別さつ5ページ

STEP 2
ステップ 2

時間 30分
合かく 80点
とく点　　点

1 次の計算をしなさい。(30点/1つ5点)

(1) 308÷31　(2) 611÷47　(3) 830÷65

(4) 872÷92　(5) 945÷73　(6) 754÷29

重要 **2** 次の式は，わり算のたしかめを表しています。どんなわり算のたしかめを表していますか。式で表しなさい。(10点/1つ5点)

(1) 72×13+4　(2) 22×26+20

3 次の計算をしなさい。(30点/1つ5点)

(1) (925−15)÷25　(2) (689+1)÷23

(3) 93÷3×25　(4) 4×84÷56

(5) 960÷3÷16　(6) 720÷15÷6

4 えん筆が 600 本あります。次の問いに答えなさい。(10点/1つ5点)

(1) 39 人に同じ数ずつ分けると，1 人分は何本になりますか。

〔　　　　　〕

(2) 1 人に 24 本ずつ配ると，何人に配れますか。

〔　　　　　〕

5 長さ 3 m 60 cm のテープから，15 cm の長さのテープが何本とれますか。(5点)

〔　　　　　〕

重要 **6** ある数を 12 でわるところを，まちがえて 21 でわったら，商が 23 であまりが 7 になりました。(10点/1つ5点)

(1) ある数を求《もと》めなさい。

〔　　　　　〕

(2) 正しい答えを求めなさい。

〔　　　　　〕

7 たかしさんは，1 時間で 4500 m 歩きました。1 分間には，何 m 歩いたことになりますか。(5点)

〔　　　　　〕

月　　日　答え ➡ 別さつ6ページ

5 がい数と見積《みつ》もり

要点のまとめ

① がい数（およその数）

- 大きな数を**およそ（約《やく》）何万**というように，およその数で表すことがあります。およその数のことを**がい数**といいます。

② がい数の表し方

- **切《き》り捨《す》て**…ある位《くらい》までのがい数にするとき，それより下の位のはしたの数をすべて0とみて，がい数に表すことです。
- **切り上げ**…がい数にする位より下の位にはしたの数があるとき，がい数にする位の数を1ふやしてがい数に表すことです。
- **四捨五入《ししゃごにゅう》**…がい数で表そうとする位の1つ下の位の数字が，0，1，2，3，4なら切り捨て，5，6，7，8，9なら切り上げる方法《ほうほう》です。

③ がい数を使った計算

- がい数にして計算することを**がい算**といいます。

　例　2325+6871 → 2000+7000=9000

　　　4923×53 → 5000×50=250000

- 計算の答えを見積《みつ》もるときは，がい算が便利《べんり》です。

ステップ 1

1 次の数を切り捨てによって，千の位までのがい数にしなさい。

(1) 3452　　　　〔　　　　〕

(2) 50439　　　　〔　　　　〕

2 次の数を切り上げによって，上から1けたのがい数にしなさい。

(1) 2575　　　　〔　　　　〕

(2) 99999　　　　〔　　　　〕

3 次の数を四捨五入して，一万の位までのがい数にしなさい。

(1) 81587　　　　〔　　　　〕

(2) 408724　　　　〔　　　　〕

4 次の数を四捨五入して，上から１けたのがい数にしなさい。

(1) 18450　　　　(2) 642735

〔　　　　〕　　〔　　　　〕

重要 **5** 十の位を四捨五入して 200 になる整数の中で，いちばん小さい数といちばん大きい数を求《もと》めなさい。

いちばん小さい数〔　　　　〕　いちばん大きい数〔　　　　〕

6 四捨五入して千の位までのがい数にして，答えを見積もりなさい。

(1) 2354+6812　　　　(2) 79817+57369

(3) 9471−3629　　　　(4) 8743−2976

7 四捨五入して上から１けたのがい数にして，答えを見積もりなさい。

(1) 265×748　　　　(2) 4237×697

(3) 9216÷92　　　　(4) 38616÷498

かくにんしよう

がい数にするしかたはいろいろありますが，ふつう使われるのは四捨五入のしかたです。大きな数の計算をするときは，積《せき》や商の大きさの見当をつけておいてから実さいの計算をすると，計算のまちがいが少なくなります。

月　日　答え ➡ 別さつ6ページ

STEP 2

ステップ2

時間 30分
合かく 80点
とく点　　点

1 次の数を四捨五入《ししゃごにゅう》して，千の位《くらい》までのがい数にしなさい。また，一万の位までのがい数にしなさい。(18点/1つ3点)

	2367216	5151	5994990
千の位まで	(1)	(2)	(3)
一万の位まで	(4)	(5)	(6)

2 次の数は，百の位で四捨五入すると，15000になります。□にあてはまる数字をすべて書きなさい。(12点/1つ6点)

(1) 15□34　　　(2) 14□00

3 あるコンサートのお客さんは約《やく》32000人でした。この人数は，四捨五入して千の位までのがい数で表しています。正かくな人数は何人以《い》上《じょう》何人以下ですか。(10点)

重要 **4** 四捨五入して千の位までのがい数にしたとき，45000になる数のはんいを，以上，未満《みまん》を使って表しましょう。(10点)

5 右の表は，ひなさんの町の1世帯《せたい》あたり，1年間に使う電気代の表です。次の問いにがい算を使って答えなさい。(20点/1つ10点)

年	金がく(円)
2005	59772
2010	90489
2015	111236
2020	118760

(1) 2020年は，2005年のおよそ何倍になっていますか。上から2けたのがい数にして，答えを見《み》積《つ》もりなさい。

(2) 2020年のひなさんの町の世帯数は6020けんでした。この年に使った電気代は，ひなさんの町でいくらになりますか。上から2けたのがい数にして，答えを見積もりなさい。

6 下の表は，ある1日に，6つの駅で乗車する人数を調べたものです。この表をもとに，右のようなぼうグラフをかこうと思います。

(30点/1つ10点)

ある日の乗車人数

駅	㋐	㋑	㋒	㋓	㋔	㋕
人数(人)	757	972	948	963	916	834

(1) 小さい1目もりを，何人にすればよいですか。

(2) 人数を何の位までのがい数で表すとよいですか。わけも説明《せつめい》しなさい。

(3) それぞれの人数をがい数に表して，グラフを完成させなさい。

ある日の乗車人数

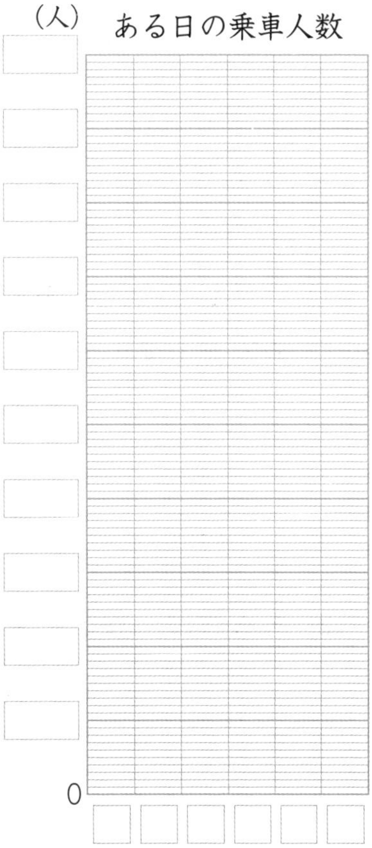

ステップ3

月　日　答え ➡ 別さつ7ページ

時間 35分　合かく 80点　とく点　点

1 次の□にあてはまる数を書きなさい。(16点/1つ8点)

(1)

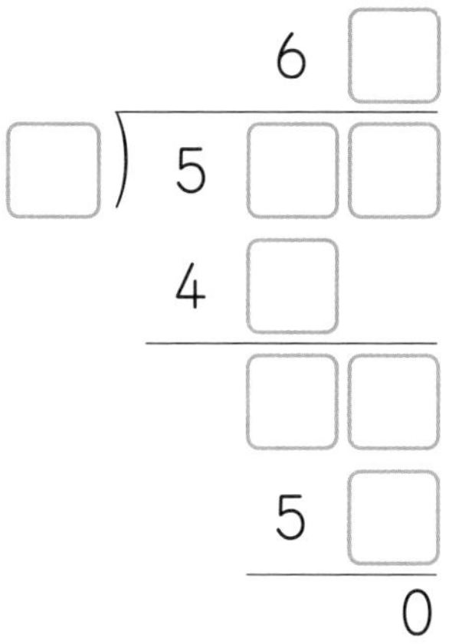

(2)

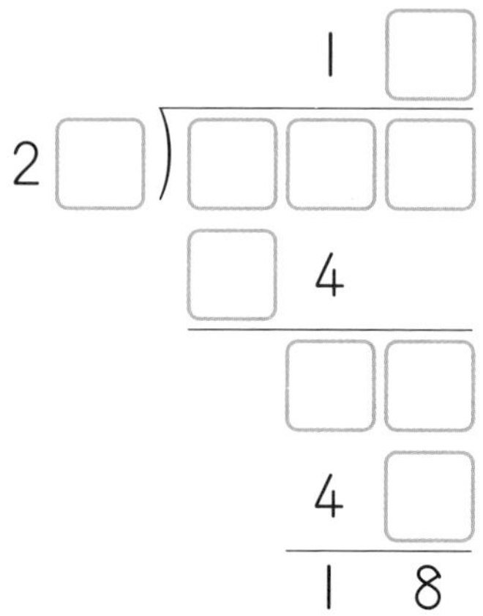

重要 **2** さとしさん，しおりさん，ななみさんの3人が，ある数のがい数を求《もと》めました。一万の位《くらい》までのがい数にすると，㋐のようになりました。それぞれの人が㋐と同じ求め方で，千の位までのがい数を求めると，㋑のようになりました。

	㋐	㋑
さとしさん	700000	708000
しおりさん	710000	709000
ななみさん	710000	708000

(1) さとしさん，しおりさん，ななみさんは，それぞれどんながい数の求め方をしましたか。(18点/1つ6点)

さとし［　　　　］　しおり［　　　　］　ななみ［　　　　］

(2) ある数は，整数の中では，どんな数からどんな数までですか。(10点)

［　　　　　　　　］

3 次の□にあてはまる数を書きなさい。(20点/1つ5点)

(1) □÷6+3=5

(2) 18×4−□×8=8

(3) 863−□÷5÷4=850

(4) (□−20)÷6+15=40

4 ほうきを135本用意しました。次の問いに答えなさい。(16点/1つ8点)

(1) 32学級にそれぞれ同じ数ずつ配ると，1学級に何本配れますか。

〔　　　　〕

(2) もう2本ずつ多く配ろうとすると，あと何本用意したらよいですか。

〔　　　　〕

5 おこづかいを200円もらいました。この200円とちょ金とをあわせたお金のうち半分を使うことにしました。350円の本を買い，120円のボールを買って，あと45円のえん筆がちょうど5本買えました。はじめ，ちょ金はいくらありましたか。□を使った式に表して，求め方も書きなさい。(20点)

(求め方)

答え〔　　　　〕

月　日　答え ➡ 別さつ8ページ

6 小数のたし算とひき算

要点のまとめ

❶ 小数のしくみ

✓小数の位《くらい》は，右のようになります。

✓ **$\frac{1}{10}$ の位，$\frac{1}{100}$ の位，$\frac{1}{1000}$ の位の数字**は，それぞれ，**0.1，0.01，0.001** がいくつあるかを表しています。

3 . 1 4 2

- .：小数点
- 1：$\frac{1}{10}$ の位（小数第一位《い》）
- 4：$\frac{1}{100}$ の位（小数第二位）
- 2：$\frac{1}{1000}$ の位（小数第三位）

❷ 小数のたし算・ひき算

✓小数のたし算・ひき算は，**小数点の位置《いち》をそろえれば，**整数と同じように筆算で計算できます。

ステップ 1

1 42.195 について，9 の数字はどこの位にありますか。また，$\frac{1}{1000}$ の位にある数字は何ですか。

9 の数字［　　　　］　$\frac{1}{1000}$ の位［　　　　］

重要 **2** 次の計算をしなさい。

(1) 0.01×10　(2) 0.01×1000　(3) 0.001×100

(4) 0.56×100　(5) 2.36×1000　(6) 0.034×100

(7) 0.1÷10　(8) 1÷100　(9) 0.01÷10

(10) 0.8÷10　(11) 3.4÷100　(12) 206÷1000

重要 **3** 次の数を，下の数直線の上に表しなさい。

(1) 0.01　(2) 0.21　(3) 0.15　(4) 0.105

4 次の長さや重さを，小数を使って，(　)の単位《たんい》になおしなさい。

(1) 2 km 800 m　(km)

〔　　　　〕

(2) 700 g　(kg)

〔　　　　〕

(3) 3 m 6 cm　(m)

〔　　　　〕

(4) 5 kg 350 g　(kg)

〔　　　　〕

5 次の計算をしなさい。

(1)
$$\begin{array}{r} 8.04 \\ +0.25 \\ \hline \end{array}$$

(2)
$$\begin{array}{r} 2.65 \\ +11.9 \\ \hline \end{array}$$

(3)
$$\begin{array}{r} 9.06 \\ -3.97 \\ \hline \end{array}$$

(4)
$$\begin{array}{r} 7.2 \\ -1.86 \\ \hline \end{array}$$

(5) 8.4+0.96

(6) 3.27+5.63

(7) 4.6−2.79

(8) 1.06−1.052

かくにんしよう

小数を 10 倍すると，小数点は右へ位 1 つ分うつります。

小数を $\frac{1}{10}$ にすると，小数点は左へ位 1 つ分うつります。

小数の計算では，小数点の位置をそろえることが大切です。右側《みぎがわ》の位がそろわないときは，0 をつけてそろえれば，整数と同じように計算できます。

月　日 答え ➡別さつ8ページ

ステップ 2

時間 30分　合かく 80点　とく点　　点

重要 **1** 次の数を求《もと》めなさい。(24点/1つ4点)

(1) 0.03 を 10 倍した数　　(2) 0.103 を 100 倍した数

(3) 2.05 を 1000 倍した数　　(4) 0.6 を $\frac{1}{10}$ にした数

(5) 36 を $\frac{1}{100}$ にした数　　(6) 1204 を $\frac{1}{1000}$ にした数

2 次の□にあてはまる数を書きなさい。(8点/1つ2点)

(1) 7.92 ― 7.91 ― □ ― □ ― 7.88

(2) 5.86 ― □ ― 5.94 ― 5.98 ― □

3 どちらの小数が大きいですか。□に不《ふ》等号《とうごう》を書きなさい。

(12点/1つ3点)

(1) 0.069 □ 0.07　　(2) 0.091 □ 0

(3) 18.7 □ 1.87　　(4) 1846.287 □ 1846.278

重要 **4** 次の数を，左から大きい順《じゅん》にならべなさい。(4点)

0.25　25　0.025　0　2.5

〔　　　　　　〕

5 次の計算をしなさい。(32点/1つ4点)

(1) $4.26+3.7$　　(2) $2.16+0.84$

(3) $9.76+15.262$　　(4) $2.762+15.896$

(5) $5-0.83$　　(6) $5.62-5.062$

(7) $25.2-2.52$　　(8) $21.06-6.593$

重要 **6** 0.1 を 35 倍した数と，0.01 を 685 倍した数の和はいくらですか。また，差《さ》も求めなさい。(8点/1つ4点)

和〔　　　　〕　差〔　　　　〕

7 こうじさんたちは，ボール投げをしました。こうじさんは 29.5 m で，りょうさんは，こうじさんより 70 cm 遠くへ投げました。たかしさんは，りょうさんより 30 cm 近いところまで投げました。(12点/1つ4点)

(1) たかしさんは，こうじさんより何 m 遠くへ投げましたか。

〔　　　　〕

(2) たかしさんは，何 m 投げましたか。

〔　　　　〕

(3) いちばん遠くへ投げたのはだれで，何 m 投げましたか。

〔　　　　〕

7 小数のかけ算

要点のまとめ

❶ 小数に整数をかける計算

たとえば0.6×3は，次のように考えることができます。
0.6は0.1が6こ集まった数である。
0.6×3は0.1が6×3=18（こ）集まった数であるから，
0.6×3=1.8である。
この考え方から，次のように筆算で計算できることがわかります。

❷ 小数に整数をかける筆算

まず，小数点がないものとして計算します。そして，積《せき》の小数点は，かけられる数の小数点の位置《いち》にそろえてうちます。

$$\begin{array}{r} 1.24 \\ \times \quad\ 8 \\ \hline 9.92 \end{array}$$

ステップ1

1 次の□にあてはまる数を書きなさい。

(1) 1.8は0.1が□こ集まった数である。

(2) 1.8×4は，0.1が□×4=□（こ）集まった数であるから，
1.8×4=□である。

重要 **2** 次の計算をしなさい。

(1) $\begin{array}{r} 0.7 \\ \times \ \ 8 \\ \hline \end{array}$　(2) $\begin{array}{r} 2.8 \\ \times \ \ 4 \\ \hline \end{array}$　(3) $\begin{array}{r} 3.16 \\ \times \quad 6 \\ \hline \end{array}$　(4) $\begin{array}{r} 4.23 \\ \times \quad 7 \\ \hline \end{array}$

(5) $\begin{array}{r} 0.8 \\ \times \ \ 5 \\ \hline \end{array}$　(6) $\begin{array}{r} 4.6 \\ \times \ \ 5 \\ \hline \end{array}$　(7) $\begin{array}{r} 0.75 \\ \times \quad 2 \\ \hline \end{array}$　(8) $\begin{array}{r} 6.85 \\ \times \quad 4 \\ \hline \end{array}$

重要 **3** 次の計算をしなさい。

(1) $\begin{array}{r} 1.2 \\ \times\ 36 \\ \hline \end{array}$　(2) $\begin{array}{r} 7.6 \\ \times\ 43 \\ \hline \end{array}$　(3) $\begin{array}{r} 3.5 \\ \times\ 84 \\ \hline \end{array}$　(4) $\begin{array}{r} 6.9 \\ \times\ 28 \\ \hline \end{array}$

(5) $\begin{array}{r} 0.36 \\ \times\ 54 \\ \hline \end{array}$　(6) $\begin{array}{r} 0.87 \\ \times\ 35 \\ \hline \end{array}$　(7) $\begin{array}{r} 1.25 \\ \times\ 24 \\ \hline \end{array}$　(8) $\begin{array}{r} 1.97 \\ \times\ 63 \\ \hline \end{array}$

(9) $\begin{array}{r} 3.13 \\ \times\ 32 \\ \hline \end{array}$　(10) $\begin{array}{r} 4.21 \\ \times\ 28 \\ \hline \end{array}$　(11) $\begin{array}{r} 5.45 \\ \times\ 36 \\ \hline \end{array}$　(12) $\begin{array}{r} 6.12 \\ \times\ 47 \\ \hline \end{array}$

4 次の計算をしなさい。

(1) $\begin{array}{r} 0.51 \\ \times\ 142 \\ \hline \end{array}$　(2) $\begin{array}{r} 0.67 \\ \times\ 273 \\ \hline \end{array}$　(3) $\begin{array}{r} 4.13 \\ \times\ 325 \\ \hline \end{array}$　(4) $\begin{array}{r} 0.709 \\ \times\ 263 \\ \hline \end{array}$

かくにんしよう

小数のかけ算は，まず，小数点がないものとして計算して，かけられる数の小数点の位置にそろえて小数点をうちます。答えの小数点より右側《みぎがわ》で，最後《さいご》に0があるときは消してから答えます。

月　日　答え ➡別さつ9ページ

STEP 2

ステップ 2

時間 30分

合かく 80点

とく点　　点

1 次の計算をしなさい。(60点/1つ4点)

(1) 0.34×78

(2) 0.46×35

(3) 1.73×57

(4) 8.58×307

(5) 3.04×26

(6) 0.627×480

(7) 1.82×312

(8) 2.15×282

(9) 2.73×306

(10) 3.22×205

(11) 7.03×112

(12) 6.04×385

(13) 6.46×412

(14) 8.71×562

(15) 0.751×235

2 22 人の子どもに 1 人 0.25 L ずつのジュースを配るとき，全部で何 L のジュースが必要《ひつよう》ですか。(8 点)

〔　　　　　　〕

重要 **3** 橋の長さを，1.25 m のぼうではかったところ，ぼうの長さの 43 倍になりました。橋の長さはおよそ何 m ですか。(8 点)

〔　　　　　　〕

4 紙テープを，12 人で同じ長さずつに分けました。1 人分が 0.95 m で，10 cm 残《のこ》ったとき，紙テープははじめ何 m ありましたか。(8 点)

〔　　　　　　〕

5 ひとふくろ 1.2 kg のさとう 27 ふくろを，800 g の箱につめました。全体の重さは何 kg になりましたか。(8 点)

〔　　　　　　〕

6 教室の中に，はば 0.9 m のたな 15 こをぴったりとならべたところ，すきまが 30 cm だけ残りました。教室のはばは，何 m ですか。(8 点)

〔　　　　　　〕

月　日　答え ➡ 別さつ9ページ

8 小数のわり算

要点のまとめ

❶ 小数を整数でわる計算

✓たとえば4.8÷3は，次のように考えることができます。
4.8は0.1が48こ集まった数である。
4.8÷3は0.1が48÷3=16（こ）集まった数であるから，
4.8÷3=1.6である。
この考え方から，次のように筆算で計算できることがわかります。

❷ 小数を整数でわる筆算

✓整数のわり算と同じように計算していきます。商が小数の位《くらい》になっても，最後《さいご》の位までわり進みます。
✓**商やあまりの小数点は，わられる数の小数点の位置《いち》にそろえて**うちます。

```
   0.72
5)3.64
  35
   14
   10
  0.04
```

ステップ1

1 次のわり算を計算しなさい。

(1) 2)8.6　(2) 5)7.5　(3) 3)17.4　(4) 4)37.6

(5) 25)47.5　(6) 21)58.8　(7) 43)55.9　(8) 18)75.6

重要 2 商は一の位まで求《もと》めて，あまりも求めなさい。

(1) 7) 27.4

(2) 9) 68.5

(3) 28) 39.1

重要 3 わり切れるまで計算しなさい。

(1) 4) 18

(2) 8) 6

(3) 6) 4.5

(4) 64) 16

(5) 5) 13.7

(6) 24) 3.24

4 商は四捨五入《ししゃごにゅう》して，上から２けたのがい数で求めなさい。

(1) 7) 9.5

(2) 9) 56.8

(3) 72) 61

かくにんしよう

小数÷整数 の筆算は，整数のわり算と同じように計算していきます。
位をそろえて筆算を書き，わられる数の小数点の位置にそろえて商やあまりの小数点をうちます。小数点の左側《ひだりがわ》に何もないときは，０をたてます。

月　　日　答え ➡ 別さつ10ページ

ステップ 2

時間 30分
合かく 80点
とく点　　点

1 商は $\frac{1}{10}$ の位《くらい》まで求《もと》めて，あまりも求めなさい。(15点/1つ5点)

(1) $7\overline{)\,13.5}$　　(2) $6\overline{)\,4.72}$　　(3) $28\overline{)\,56.4}$

2 わり切れるまで計算しなさい。(15点/1つ5点)

(1) $8\overline{)\,9}$　　(2) $72\overline{)\,63}$　　(3) $16\overline{)\,72.4}$

重要 **3** 次のある数を求めなさい。(20点/1つ5点)

(1) ある数を 14 でわると，3.14 になる。

〔　　　　　〕

(2) ある数に 41 をかけると，3.485 になる。

〔　　　　　〕

(3) ある数の 18 倍に 0.08 をたすと，74.6 になる。

〔　　　　　〕

(4) 2.34 に 56 をかけた数からある数をひくと，56.2 になる。

〔　　　　　〕

4 まわりの長さが 25.6 cm の正方形があります。この正方形の 1 辺《ぺん》の長さは何 cm ですか。(10 点)

〔　　　　　　　〕

5 5 kg のさとうを，25 のふくろに同じように分けました。1 ふくろの重さは，何 kg になりますか。ふくろだけの重さは，1 つが 25 g あります。(10 点)

〔　　　　　　　〕

6 まさるさんは，4.08 km はなれたおじさんの家へ行くのに，自転車で 24 分かかりました。1 分間に何 km 走ったことになりますか。(10 点)

〔　　　　　　　〕

7 長さ 23.5 m のロープから，3 m のロープは何本つくれますか。そのとき，ロープは何 m あまりますか。(10 点)

〔　　　　　　　　　　　〕

8 1.8 L の水があります。これを，大きいコップ 5 こと小さいコップ 5 こに分けたいと思います。大きいコップ 1 こと，小さいコップ 1 こにそれぞれどれだけ入れたらよいですか。ただし，大きいコップには，小さいコップより 0.12 L 多く入れます。(10 点)

大きいコップ〔　　　　　　　〕　小さいコップ〔　　　　　　　〕

答え ➡ 別さつ11ページ

9 分数の種類《しゅるい》

要点のまとめ

❶ 分数の種類《しゅるい》	✓真分数《しんぶんすう》…分子が分母より小さい分数 ✓仮分数《かぶんすう》…分子と分母が等しいか，分子が分母より大きい分数 ✓帯分数《たいぶんすう》…整数と真分数の和になっている分数
❷ 分数と整数の関係《かんけい》	✓仮分数は，整数か，帯分数になおせます。 ✓帯分数や整数は，仮分数になおせます。
❸ 分数の大小	✓分母が同じとき，分子が大きくなると，分数は大きくなります。 ✓分子が同じとき，分母が小さくなると，分数は大きくなります。

ステップ 1

1 次の□にあてはまる数を書きなさい。

(1) $\frac{1}{5}$ が6こ集まった数は $\frac{\square}{5}$　　(2) □ が8こ集まった数は $\frac{8}{7}$

(3) $\frac{1}{8}$ が □ こ集まった数は $\frac{9}{8}$　　(4) $\frac{1}{4}$ が □ こ集まった数は1

2 1から10までの整数で，次の□にあてはまる数をすべて書きなさい。

(1) $\frac{\square}{7}$ は1より小さい。　〔　　　　〕

(2) $\frac{\square}{7}$ は1に等しい。　〔　　　　〕

(3) $\frac{\square}{7}$ は1より大きい。　〔　　　　〕

3 次の分数を，真分数・仮分数・帯分数に分けなさい。

$\frac{3}{4}$，　$1\frac{1}{3}$，　$2\frac{1}{3}$，　$\frac{4}{13}$，　$5\frac{1}{4}$，　$\frac{11}{7}$，　$\frac{7}{8}$，　$\frac{12}{5}$

真分数〔　　　　〕　仮分数〔　　　　〕

帯分数〔　　　　〕

重要 **4** 仮分数は帯分数に，帯分数は仮分数になおしなさい。

(1) $2\frac{1}{5}$　(2) $1\frac{3}{4}$　(3) $\frac{10}{3}$　(4) $\frac{22}{7}$

〔　　〕　〔　　〕　〔　　〕　〔　　〕

5 次の□にあてはまる数を書きなさい。

(1) $\frac{1}{2}=\frac{\square}{4}$　(2) $\frac{3}{4}=\frac{\square}{8}$　(3) $\frac{1}{5}=\frac{2}{\square}$

6 帯分数か整数になおしなさい。

(1) $\frac{12}{7}$　(2) $\frac{19}{10}$　(3) $\frac{11}{2}$　(4) $\frac{24}{6}$

〔　　〕　〔　　〕　〔　　〕　〔　　〕

7 どちらの分数が大きいですか。□に不《ふ》等号《とうごう》を書きなさい。

(1) $\frac{3}{7}\ \square\ \frac{6}{7}$　(2) $\frac{2}{5}\ \square\ \frac{2}{3}$　(3) $1\frac{5}{11}\ \square\ \frac{15}{11}$

かくにんしよう　分数の大きさをくらべるときは，分数の種類をそろえて，分子・分母の大きさを調べます。

月　　日　答え ➡ 別さつ11ページ

STEP 2 ステップ2

時間 30分
合かく 80点
とく点　　点

1 次の□にあてはまる数やことばを書きなさい。（10点/1つ2点）

(1) $1\frac{3}{7}$ は，$\frac{1}{7}$ が □ こ集まった数です。

(2) $\frac{1}{8}$ が 17 こ集まった数は，□ です。

(3) $\frac{2}{3}$，$\frac{1}{2}$ のような分数を □，$\frac{7}{4}$，$\frac{5}{5}$ のような分数を □，$2\frac{1}{5}$，$3\frac{3}{4}$ のような分数を □ といいます。

2 次の□に，あてはまる数を書きなさい。（16点/1つ2点）

(1) $1=\frac{\square}{2}=\frac{4}{\square}=\frac{\square}{8}=\frac{10}{\square}$

(2) $\frac{1}{3}=\frac{\square}{6}=\frac{\square}{9}=\frac{5}{\square}=\frac{\square}{24}$

3 どちらの分数が大きいですか。□に不《ふ》等号《とうごう》を書きなさい。（20点/1つ2点）

(1) $\frac{1}{2}$ □ $\frac{1}{4}$

(2) $\frac{7}{10}$ □ $\frac{3}{10}$

(3) $\frac{3}{5}$ □ $\frac{3}{10}$

(4) $\frac{7}{5}$ □ $\frac{7}{4}$

(5) $\frac{5}{6}$ □ $\frac{5}{3}$

(6) $3\frac{1}{5}$ □ $\frac{13}{5}$

(7) $2\frac{1}{3}$ □ $\frac{8}{3}$

(8) $2\frac{3}{7}$ □ $\frac{18}{7}$

(9) $5\frac{1}{4}$ □ $\frac{15}{4}$

(10) $4\frac{1}{2}$ □ $\frac{11}{2}$

4 次の分数を，大きい順《じゅん》にならべなさい。（10点/1つ5点）

(1) $\left(\frac{5}{4},\ \frac{1}{4},\ \frac{9}{4},\ \frac{3}{4},\ \frac{7}{4}\right)$　〔　　　　　　〕

(2) $\left(\frac{1}{5},\ \frac{1}{3},\ \frac{1}{6},\ \frac{1}{2},\ \frac{1}{4}\right)$　〔　　　　　　〕

重要 **5** 小数 0.1 は，1 を 10 等分したうちの 1 つ分だから $\frac{1}{10}$ と表せます。この考えを使って，次の小数は分数に，分数は小数になおしなさい。

（24点/1つ4点）

(1) 0.2　〔　　　　〕　(2) 0.5　〔　　　　〕　(3) 1.1　〔　　　　〕

(4) $\frac{7}{10}$　〔　　　　〕　(5) $2\frac{3}{10}$　〔　　　　〕　(6) $\frac{19}{10}$　〔　　　　〕

重要 **6** 次の式は，分数の種類《しゅるい》をなおすときの考え方を表しています。あてはまる分数を，仮分数《かぶんすう》と帯分数《たいぶんすう》で答えなさい。（8点/1つ2点）

(1) 13÷6=2 あまり 1

仮分数〔　　　　〕

帯分数〔　　　　〕

(2) 25÷7=3 あまり 4

仮分数〔　　　　〕

帯分数〔　　　　〕

7 次の□にあてはまる数を書きなさい。(整数にならない場合は，分数で答えなさい。)（12点/1つ3点）

(1) $\frac{3}{10}$ m=□cm

(2) $\frac{1}{6}$ 時間=□分

(3) 7 dL=□L

(4) $\frac{3}{10}$ kg=□g

月　日　答え ➡ 別さつ12ページ

10 分数のたし算とひき算

要点のまとめ

① 分数のたし算

- 分母が同じ分数のたし算は，**分母はそのまま**にして，**分子どうしのたし算**をすることになります。
- 答えが整数になおせる場合は，**整数になおして**おきます。

② 分数のひき算

- 分母が同じ分数のひき算は，**たし算と同じように**分母はそのままにして，**分子どうしのひき算**をします。
- 帯分数《たいぶんすう》からひくとき，分数部分のひき算ができない場合は，帯分数や整数部分を仮《か》分数《ぶんすう》になおしてひき算ができるようにします。

ステップ 1

1 次の計算をしなさい。

(1) $\frac{2}{3}+\frac{2}{3}$　(2) $\frac{4}{5}+\frac{3}{5}$　(3) $\frac{5}{9}+\frac{8}{9}$

(4) $\frac{3}{4}+\frac{2}{4}$　(5) $\frac{8}{10}+\frac{9}{10}$　(6) $\frac{3}{8}+\frac{6}{8}$

重要 **2** 次の計算をしなさい。

(1) $1\frac{3}{4}+2$　(2) $1\frac{5}{7}+\frac{3}{7}$　(3) $\frac{5}{6}+2\frac{2}{6}$

(4) $\frac{7}{10}+1\frac{4}{10}$　(5) $3\frac{1}{3}+1\frac{1}{3}$　(6) $1\frac{7}{8}+2\frac{3}{8}$

3 次の計算をしなさい。

(1) $\frac{7}{5}-\frac{1}{5}$　(2) $\frac{10}{9}-\frac{3}{9}$　(3) $2-\frac{3}{4}$

(4) $1\frac{1}{4}-\frac{2}{4}$　(5) $1\frac{5}{10}-\frac{8}{10}$　(6) $2\frac{3}{6}-\frac{4}{6}$

重要 4 次の計算をしなさい。

(1) $\frac{5}{3}-\frac{4}{3}$　(2) $\frac{11}{8}-\frac{4}{8}$　(3) $3-1\frac{4}{6}$

(4) $4-3\frac{2}{7}$　(5) $3\frac{3}{5}-1\frac{1}{5}$　(6) $2\frac{5}{6}-1\frac{4}{6}$

(7) $3\frac{2}{7}-1\frac{6}{7}$　(8) $5\frac{1}{4}-3\frac{2}{4}$　(9) $3\frac{3}{8}-2\frac{6}{8}$

5 ジュースが $2\frac{3}{6}$ L と，水が $1\frac{4}{6}$ L あります。

(1) ジュースと水をあわせると，何Lになりますか。

〔　　　　　〕

(2) ジュースと水のかさの差《さ》は，何Lになりますか。

〔　　　　　〕

かくにんしよう

帯分数 $\triangle\frac{\bigcirc}{\square}$ の整数部分△を1へらすことで，分数部分に $\frac{\square}{\square}$ をたして，分数部分の分子を ○+□ にふやすことができます。

月　　日　答え ➡ 別さつ13ページ

ステップ 2

STEP 2

時間 30分
合かく 80点

とく点　　　点

1 次の計算をしなさい。(48点/1つ4点)

(1) $2\frac{5}{6}+1\frac{2}{6}$　　(2) $1\frac{6}{7}+2\frac{5}{7}$　　(3) $2\frac{5}{8}+1\frac{5}{8}$

(4) $3\frac{7}{9}+1\frac{7}{9}$　　(5) $\frac{9}{12}+\frac{8}{12}$　　(6) $2\frac{3}{5}-1\frac{4}{5}$

(7) $2\frac{2}{8}-1\frac{7}{8}$　　(8) $3\frac{5}{11}-2\frac{6}{11}$　　(9) $10\frac{1}{10}-2\frac{8}{10}$

(10) $\frac{12}{7}-\frac{6}{7}$　　(11) $5\frac{2}{6}-2\frac{3}{6}$　　(12) $7\frac{3}{13}-2\frac{10}{13}$

重要 **2** 次の問題に答えなさい。(12点/1つ6点)

(1) よしこさんは，おばさんの家へ行くのに，$\frac{5}{6}$時間を電車で，$\frac{4}{6}$時間をバスで，$\frac{4}{6}$時間を歩いて行きます。よしこさんは，おばさんの家へ行くのに，何時間かかりますか。

[　　　　　　]

(2) しょうゆが大きなびんに$1\frac{2}{5}$L，小さなびんに$\frac{4}{5}$Lはいっています。大きなびんと小さなびんのしょうゆの量《りょう》の差《さ》は何Lですか。

[　　　　　　]

3 次の問題に答えなさい。

(1) 長さ5mのひもがあります。このひもから，$1\frac{2}{3}$mのひもを2本切りとります。切りとる長さは，あわせて何mですか。また，あと何m残《のこ》りますか。(10点/1つ5点)

切りとる長さ［　　　　　　　］　残り［　　　　　　　］

(2) $3\frac{1}{5}$Lの油のうち，昨日《きのう》$\frac{4}{5}$L，今日$\frac{3}{5}$L使いました。油は何L残っていますか。また，残っている油を1L入りのびんにうつすと，何Lあまりますか。(10点/1つ5点)

残り［　　　　　　　］　あまり［　　　　　　　］

(3) いっぱいにすると，$1\frac{4}{5}$Lはいるびんがあります。$\frac{2}{5}$L入りのコップで，このびんに4はい入れました。あと，何Lはいりますか。(10点)

［　　　　　　　］

4 長さ$22\frac{4}{5}$cmの紙テープを3まい，右の図のようにつなぎました。次の問いに答えなさい。

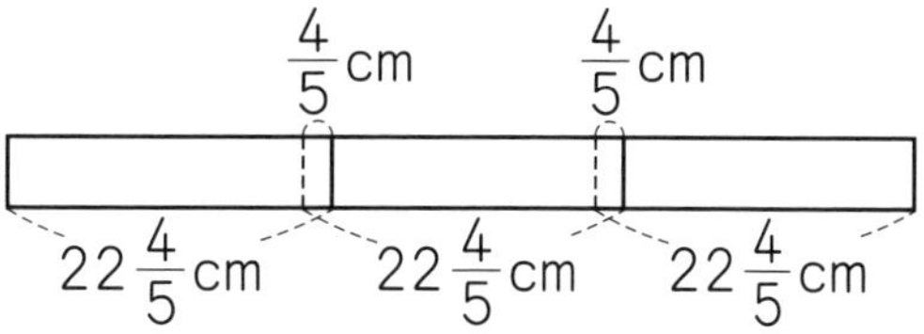

(10点/1つ5点)

(1) 紙テープの長さは，何cmになりましたか。

［　　　　　　　］

(2) この紙テープの両はしから$8\frac{3}{5}$cmずつ色をぬりました。色をぬっていないところは，何cmになりますか。

［　　　　　　　］

ステップ 3

月　日　答え ➡ 別さつ13ページ

時間 35分
合かく 80点
とく点　　点

重要 **1** 次の計算をしなさい。(20点/1つ5点)

(1) 1.624+52.46−27.67−15.8

(2) 100−0.962−84.3+32.572

(3) 2.56×29−(81.26−18.7)÷92

(4) 230.51÷37+(5.2−0.375)×26

2 次の計算をしなさい。(20点/1つ5点)

(1) $3-\frac{4}{8}-\frac{7}{8}$

(2) $2\frac{3}{5}+3\frac{3}{5}-4\frac{4}{5}$

(3) $2\frac{1}{4}-\left(\frac{3}{4}+\frac{3}{4}\right)$

(4) $1\frac{3}{7}+\left(4\frac{3}{7}-2\frac{4}{7}\right)$

重要 **3** 次のある数を求《もと》めなさい。(10点/1つ5点)

(1) ある数に $1\frac{1}{6}$ をたしたら3になる。

〔　　　　〕

(2) $5\frac{5}{12}$ から，ある数をひくと，$2\frac{7}{12}$ になる。

〔　　　　〕

4 重さが 1.52 kg の箱に，同じ本を 12 さつ入れると，ちょうど 14 kg になりました。この本 1 さつの重さは何 kg ですか。(10 点)

〔　　　　　〕

重要 **5** 47.6 cm のはり金を同じ長さずつに切って，右の図のように 1 辺《ぺん》 10 cm の正方形をつくるには，外側《そとがわ》にそれぞれ何 cm ずつはみ出させればよいですか。ただし，両方に同じ長さずつはみ出させることにします。(10 点)

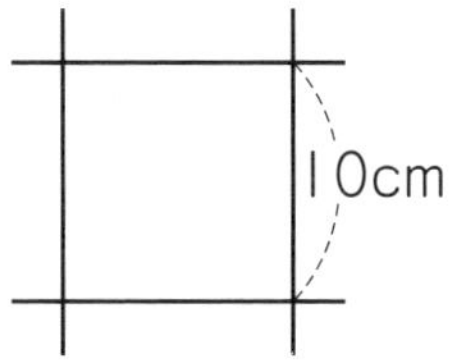

〔　　　　　〕

6 油がびんに $1\frac{4}{5}$ L，かんに $2\frac{1}{5}$ L はいっています。(20 点/1 つ 10 点)

(1) どちらが，何 L 多くはいっていますか。

〔　　　　　〕

(2) かんのほうからびんに，$\frac{4}{5}$ L うつしました。びんにはいっている油とかんに残《のこ》った油とは，どちらが何 L 多いですか。

〔　　　　　〕

7 1 本 12.4 cm のテープを 12 本使って，大きな輪《わ》をつくります。テープのつなぎ目は 0.8 cm です。大きな輪のまわりは何 cm になりますか。(10 点)

〔　　　　　〕

月　日　答え ➡ 別さつ13ページ

11 折《お》れ線《せん》グラフ

要点のまとめ

❶ 折《お》れ線《せん》グラフ

- 時間がたつにつれて，数量《すうりょう》がふえたりへったりするようすを，線のかたむきで表したものが，**折れ線グラフ**です。
- 変《か》わり方が大きいか，小さいかは，**線のかたむき方**でわかります。変わり方が大きいほど，線のかたむきが急になります。
- 変わるようすを大きく表して見やすくするために，〰〰の印《しるし》を使って，とちゅうの目もりを省《はぶ》くことがあります。

ステップ 1

1 右の折れ線グラフは，まさおさんが算数の計算を毎日 20 題したときに，正しくできた問題数のようすを表しています。

(題)算数テストの成せき

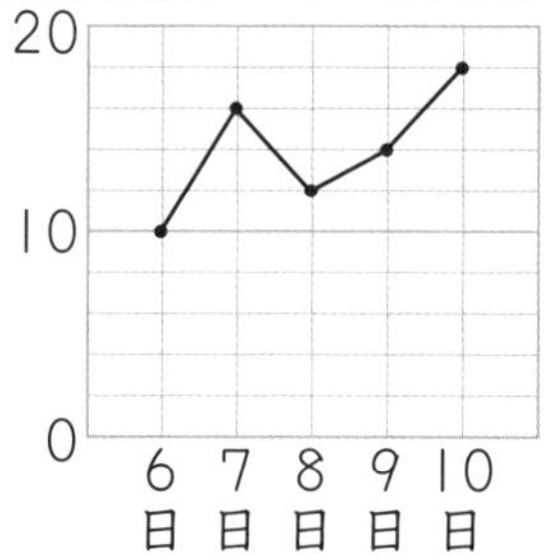

(1) それぞれの日の，できた数を書きなさい。

6日〔　　　〕 7日〔　　　〕 8日〔　　　〕

9日〔　　　〕 10日〔　　　〕

(2) いちばんよくできた日はいつですか。　〔　　　　〕

(3) いちばんできなかった日はいつですか。　〔　　　　〕

(4) 前の日とくらべて，正しくできた問題数がいちばん多くふえたのは，何日ですか。

〔　　　　〕

(5) 前の日とくらべて，正しくできた問題数がいちばんへったのは，何日ですか。

〔　　　　〕

2 次の図は，折れ線グラフのかたむきのぐあいを表したものです。下の〔　〕に，あてはまる記号を書きなさい。

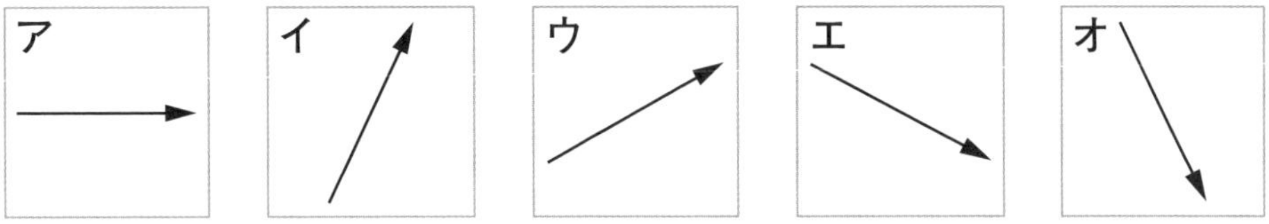

(1) へり方がはげしい　〔　　〕　(2) ふえ方がはげしい　〔　　〕

(3) 少しずつへっている　〔　　〕　(4) 少しずつふえている　〔　　〕

(5) ふえもへりもしていない　〔　　〕

重要 **3** さとるさんは，10月5日の1時間ごとの気温の変わり方を調べました。下の表がその結果《けっか》です。

10月5日の気温

時こく(時)	8	9	10	11	12	1	2	3	4
気温(度)	15	16	17	19	22	23	23	22	20

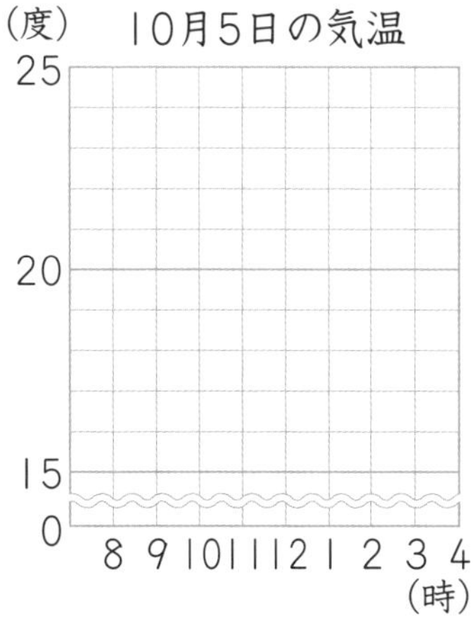

(1) 気温の変わり方を，右のグラフにかきなさい。

(2) グラフについて，次の問いに答えなさい。

① 気温の上がり方がいちばんはげしいのは，何時から何時の間ですか。

〔　　　　　　　　　　〕

② 気温が変わらないのは，何時から何時の間ですか。

〔　　　　　　　　　　〕

③ 気温の下がり方がいちばんはげしいのは，何時から何時の間ですか。

〔　　　　　　　　　　〕

かくにんしよう

グラフ上の点は，(横，たて)の数の組で決められます。
グラフの1目もりの大きさは，いちばん大きい数が表せるように決めます。

月　　日 答え ➡ 別さつ14ページ

STEP 2 ステップ 2

時 間 30分　合かく 80点　とく点　　点

1 次のことがらを，ぼうグラフか折《お》れ線《せん》グラフで表そうと思います。ぼうグラフの場合は○，折れ線グラフの場合は×を〔　〕に入れなさい。

(20点/1つ5点)

(1) ある市の毎年の人口の変《か》わり方を表す。〔　　〕

(2) 学校の児童《じどう》の好《す》きなスポーツを表す。〔　　〕

(3) 火事がおこった原いんを種類別《しゅるいべつ》に表す。〔　　〕

(4) 病気の人の体温のようすを表す。〔　　〕

2 右のグラフは，りおさんの町の家の数のうつり変わりを表したものです。(20点/1つ5点)

(1) いちばんふえ方がはげしいのは，いつからいつの間ですか。〔　　　　〕

(2) ふえ方が少なくなったのは，いつからいつの間ですか。〔　　　　〕

(3) 次の年の家の数は，およそ何百何十けんですか。　2013年〔　　　　〕　2018年〔　　　　〕

3 下の表は，じろうさんが病気をしたときの，2日間の体温を表したものです。これを折れ線グラフに表しなさい。(10点)

第1日	午前	6時	38.8°	第2日	午前	6時	38.2°
		12時	39.0°			12時	37.5°
	午後	6時	39.3°		午後	6時	37.6°
		12時	38.4°			12時	37.2°

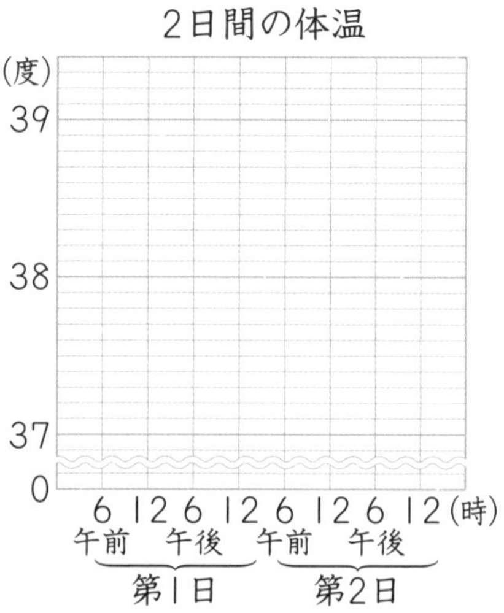

重要 **4** 右のグラフは，まさこさんの学校のほけん室を使ったけが人の数を表したものです。下の表は，ほけん室を使った病人の数を表しています。

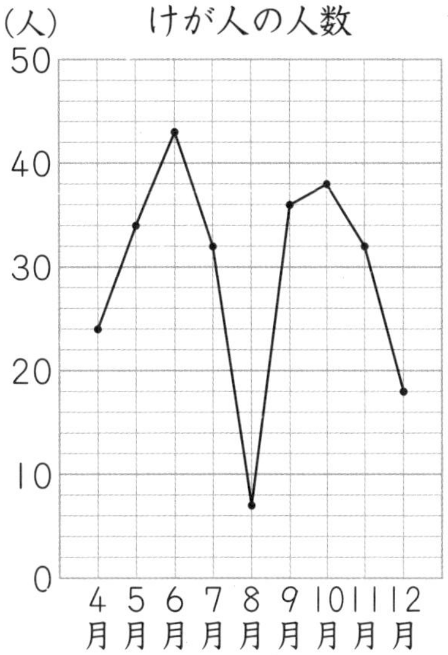

月	4	5	6	7	8	9	10	11	12
病人(人)	12	20	14	14	2	10	16	18	32

(1) けが人がいちばん多かったのは，いつで，何人ですか。(8点)

〔　　　　　　　〕

(2) 前の月よりも，けが人のふえ方がいちばん大きいのは，いつですか。また，その次はいつですか。(8点/1つ4点)

いちばん〔　　　　　　〕　その次〔　　　　　　〕

(3) 病人の数を，折れ線グラフで，右上のグラフにかきなさい。(8点)

(4) けが人と病人の数の変わり方で，両方に共通している特《とく》ちょうは何ですか。(4点)

〔　　　　　　　　　　　　　　〕

5 下の表は，ある日の気温の変わり方を調べたものです。

(1) 気温の変わり方を右の折れ線グラフに表しなさい。(15点)

(2) グラフのたて1目もりを何度にしますか。(7点)

〔　　　　〕

気温調べ

時こく(時)	気温(度)
午前　9	22
10	24
11	26
12	32
午後　1	34
2	36
3	32
4	28
5	20

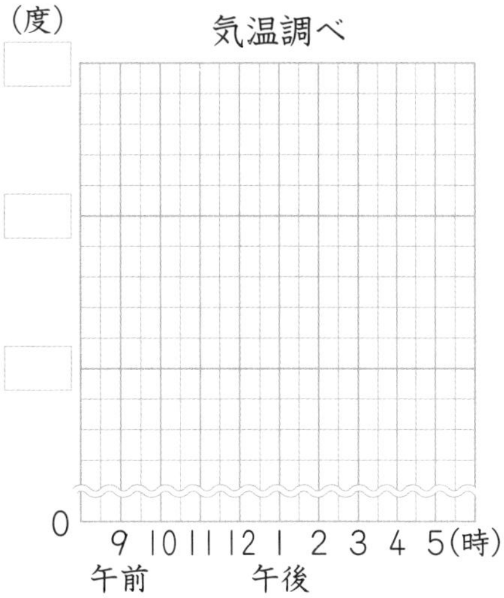

答え ➡ 別さつ15ページ

12 整理のしかた

要点のまとめ

❶データ

✓ものごとの特《とく》ちょうを調べるときに使う記録《きろく》やしりょうのことを**データ**といいます。

❷データの整理のしかた

✓データを，数え落としや重なりなく調べるには，表にまとめたり，図やグラフに表すと便利《べんり》です。

ステップ 1

1 こうきさんのはんで，手あらいとうがいをしているかどうかを調べたところ，次のような結果《けっか》が出ました。(○，×)は，手あらいはしているが，うがいはしていないことを表します。

こうき……(○，○)　かいと……(×，×)　そうた……(×，○)
はるか……(○，×)　あゆみ……(×，○)　ひまり……(○，○)

(1) この結果を，右のような表にまとめます。表のらんに正しい人数を書いて，表を完成《かんせい》させなさい。

手あらいとうがい調べ(人)

手あらい ＼ うがい	○	×	計
○	2		
×			
計			

(2) この結果を，右のような線分図に表します。□にあてはまる人数を書きなさい。

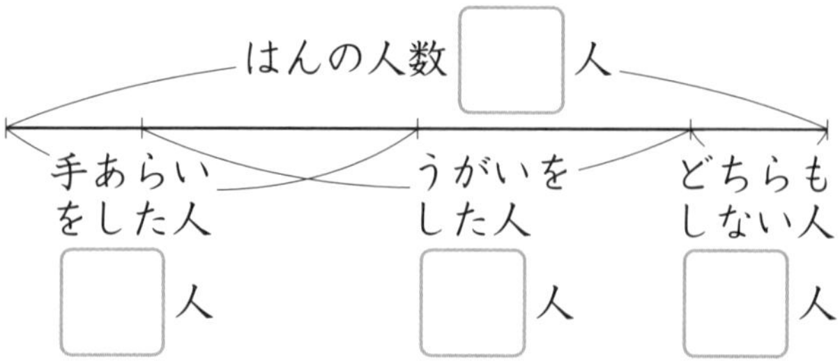

重要 **2** 1週間の学校でのけがのようすを，ほけん室で調べました。右の表は，そのときのものです。

曜日	学年	組	名まえ	けがの種類《しゅるい》	体の部分	場所
月	3	2	吉田	切りきず	足	中庭
	4	3	川野	切りきず	頭	階だん
	5	1	浜川	打ぼく	うで	運動場
	5	4	野口	ねんざ	足	体育館
	6	2	山下	つき指	足	運動場
火	3	1	鈴木	すりきず	手	ろうか
	1	3	平田	つき指	手	運動場
	4	2	田中	打ぼく	頭	中庭
	6	3	小林	切りきず	うで	運動場
水	2	1	大橋	打ぼく	足	階だん
	3	4	川口	つき指	手	体育館
	4	2	村田	打ぼく	足	ろうか
木	5	3	川島	切りきず	手	教室
	3	1	山中	切りきず	足	中庭
	3	2	川島	打ぼく	うで	運動場
	2	4	中田	つき指	手	体育館
	1	3	島田	すりきず	顔	中庭
金	5	1	村西	すりきず	うで	中庭
	6	1	安田	ねんざ	足	運動場
	4	2	川村	ねんざ	足	運動場
	2	3	森山	すりきず	顔	教室
	1	2	安川	つき指	足	運動場

(1) 場所別《べつ》にけがの人数を整理して，下のぼうグラフに表しなさい。

けがの場所別人数

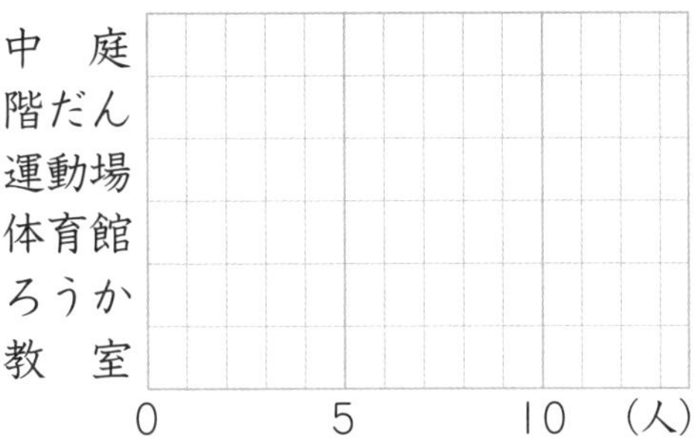

(2) 学年とけがの場所を調べるために，右の表にまとめなさい。

けがの場所と学年調べ(人)

場所＼学年	1	2	3	4	5	6	計
中庭							
階だん							
運動場							
体育館							
ろうか							
教室							
計							

(3) けががいちばん多いのは何年生で，いちばん少ないのは何年生ですか。

いちばん多い〔　　　　〕

いちばん少ない〔　　　　〕

(4) けががいちばん多いのは，何年生のどの場所ですか。

〔　　　　〕

かくにんしよう

データを順《じゅん》じょよくみて，正の字などを使いながら表に書き入れていきます。終わったら，必《かなら》ず合計の数を調べて，数え落としや重なりがないかどうかたしかめます。

月　日 答え ➡ 別さつ15ページ

ステップ2

時間 30分
合かく 80点
とく点　　点

1 ゆみさんの組で，犬とねこの好《す》ききらいを調べて，結果《けっか》を表にしました。

（人）

犬＼ねこ	好き	きらい	計
好き	13	㋐	23
きらい	㋑	㋒	㋓
計	18	㋔	32

(1) ゆみさんの組は何人ですか。(5点)

〔　　　　〕

(2) 右の表で，㋐，㋑にはいる人は，それぞれどういう人たちになりますか。(12点/1つ6点)

㋐〔　　　　〕 ㋑〔　　　　〕

(3) 表の㋐から㋔の人数を求《もと》めて，表の中に書きなさい。(10点/1つ2点)

重要 **2** 子ども会で動物園に行った人数を調べたら，次のようになりました。

男……18人，女……22人，子ども……28人，おとな……12人

このうち，男の子どもは14人でした。

(1) 女の子どもは何人ですか。(5点)

〔　　　　〕

(2) 男のおとなは何人ですか。(5点)

〔　　　　〕

(3) それぞれの人数を，右の表に書き，表を完成《かんせい》させなさい。(9点/1つ1点)

（人）

	男	女	計
子ども			
おとな			
計			

(4) 女のおとなは何人ですか。(5点)

〔　　　　〕

重要 **3** かつおさんの組で，算数と国語のテストがありました。それを右の表に整理しました。(12点/1つ6点)

(人)

国語＼算数	80点から100点	80点より下	計
80点から100点	ア 7	イ 12	19
80点より下	ウ 11	エ 5	16
計	18	17	35

(1) かつおさんは，算数83点，国語75点でした。かつおさんは，右の表の**ア**から**エ**のどこにはいりますか。

〔　　　　〕

(2) **エ**には，どんな人がはいりますか。

〔　　　　〕

4 1から40までの整数について，次の観点《かんてん》で整理しようとしています。次の問いに答えなさい。

(1) 3でわり切れる数は，全部で何こありますか。(6点)

〔　　　　〕

(2) 4でわり切れる数は，全部で何こありますか。(6点)

〔　　　　〕

(3) 3でも4でもわり切れる数は，全部で何こありますか。(6点)

〔　　　　〕

(4) 上の(1)，(2)，(3)の結果を，右の表にまとめなさい。(9点/1つ1点)

(5) 3でも4でもわり切れない数は，全部で何こありますか。(10点)

〔　　　　〕

(こ)

4でわる＼3でわる	わり切れる	わり切れない	計
わり切れる			
わり切れない			
計			

13 変《か》わり方

要点のまとめ

❶ 2つの数の関《かん》係《けい》を表や式に表す

✔2つの数の関係は，表に表して調べることができます。

✔表から変《か》わり方のきまりを見つけ出して，数の関係を□や○で式に表すことができます。

例　正方形の1辺《ぺん》の長さとまわりの長さの関係

1辺の長さ(cm)	1	2	3	4	5
まわりの長さ(cm)	4	8	12	16	20

1辺の長さを□cm，まわりの長さを○cmとすると，

□×4=○

ステップ1

1　9このおはじきをたろうさんとしおりさんの2人で分けます。

(1) たろうさんが4こ持っているとき，しおりさんは何こ持っていますか。

〔　　　　　　〕

(2) たろうさんの数が0，1，2，3，……，9のとき，しおりさんの数はそれぞれ何こになりますか。下の表を完成《かんせい》させなさい。

たろう	0	1	2	3	4	5	6	7	8	9
しおり										

(3) たろうさんの数を□，しおりさんの数を○として，□，○を使った式を書きなさい。

〔　　　　　　〕

重要 **2** 次の図のように，１辺が１cmの正方形をならべて形をつくっていきます。

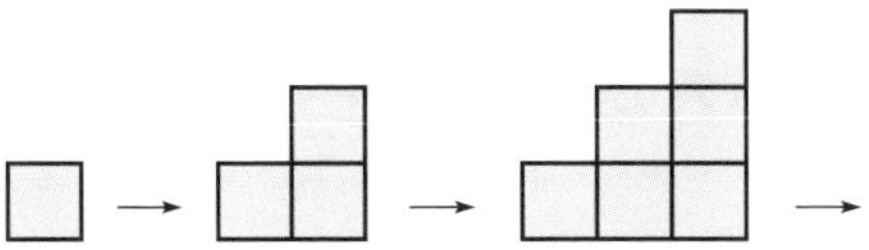

１だん　　２だん　　３だん

(1) だんの数とまわりの長さの関係を，下の表に表しなさい。

だんの数(だん)	1	2	3	4	5
まわりの長さ(cm)					

(2) だんの数を□だん，まわりの長さを○cmとして，□，○を使った式を書きなさい。

〔　　　　　　　　〕

(3) 13だんのとき，まわりの長さは何cmですか。

〔　　　　　　〕

3 １さつ120円のノートを買うとき，代金を求《もと》める式を 120×□=○のように表しました。

(1) この式で，□と○はそれぞれ何を表していますか。

□〔　　　　　　〕　○〔　　　　　　〕

(2) 代金が1320円のとき，買ったノートは何さつですか。

〔　　　　　　〕

かくにんしよう

１つの量《りょう》が変わると，それにともなってもう１つの量が変わるという関係を見つけます。これらの２つの量の間の和・差《さ》・積《せき》・商や数のならび方についてきまりがなりたつかどうかを調べます。

STEP 2

ステップ 2

月	日	答え ➡ 別さつ16ページ

時間 30分
合かく 80点
とく点　　点

重要 **1** 長さが 30 cm のひもを使って，いろいろな長方形をつくります。

(24点/1つ8点)

(1) 長方形のたての長さを□cm，横の長さを○cm として，□，○を使った式を書きなさい。

〔　　　　　　　〕

(2) 横の長さが 12 cm のとき，たての長さは何 cm ですか。

〔　　　　　　　〕

(3) たての長さが 2.5 cm のとき，横の長さは何 cm ですか。

〔　　　　　　　〕

重要 **2** 下の表は，ろうそくがもえた時間と，もえた長さを表しています。

(16点/1つ8点)

もえた時間(分)	0	2	4	6	8	10
もえた長さ(mm)	0	10	20	30	40	50

(1) この表を右のグラフに表しなさい。

(2) 5分間もやすと，ろうそくは何 mm もえますか。

〔　　　　　　　〕

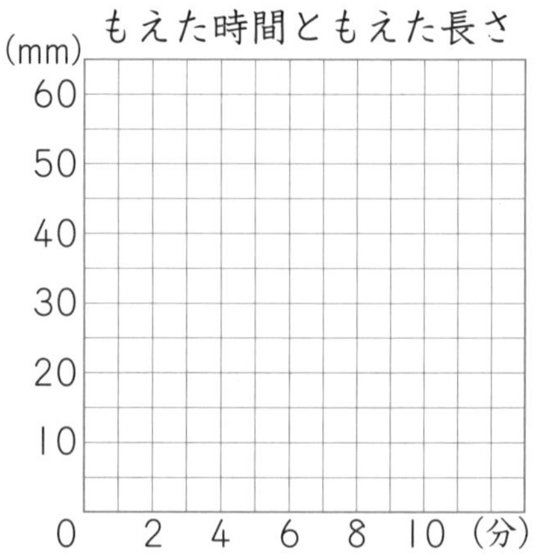

3 お父さんと，たろうさんの年れいを表にしました。（30点/1つ10点）

(1) たろうさんは今10才です。今から10年後，お父さんは何才ですか。

お父さん(才)	25	30	35		
たろう(才)	0	5	10		

〔　　〕

(2) お父さんの年れいとたろうさんの年れいの間にはどんなきまりがありますか。

〔　　〕

(3) お父さんの年れいを□才，たろうさんの年れいを○才として，□，○を使った式を書きなさい。

〔　　〕

4 プールに水をためています。そのようすを表にしました。

（30点/1つ10点）

水を入れた時間(時間)	1	2	3	4	5	6
水の深さ(cm)	8	16	24	32	40	48

(1) 水を入れた時間を□時間，水の深さを○cmとして，□，○を使った式を書きなさい。

〔　　〕

(2) 12時間水を入れると，何cmの深さになりますか。

〔　　〕

(3) このプールの深さは1.2mです。水がいっぱいになるのは，水を入れはじめてから何時間後ですか。

〔　　〕

月　　日　答え ➡別さつ16ページ

時間 35分　合かく 80点　とく点　　点

1 まさるさんの学年で，算数の問題２題のテストをしました。学年全員で 85 人ですが，２題とも正しくできた人は 21 人，１題目をまちがえた人は 30 人，２題目をまちがえた人は 47 人でした。

(1) 算数の２つの問題の結果《けっか》を，右の表にまとめなさい。(18点/1つ2点)

(人)

		2題目		計
		○	×	
1題目	○	㋐	㋑	㋒
	×	㋓	㋔	㋕
計		㋖	㋗	㋘

(2) ２つの問題では，どちらがよくできているといえますか。(9点)

〔　　　　　〕

重要 **2** 下の図のように，おはじきを正方形の形にならべます。(30点/1つ10点)

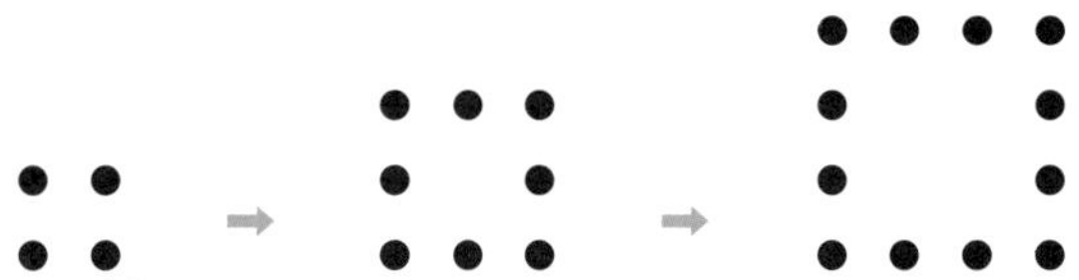

(1) １辺《ぺん》の数を□こ，まわりの数を○こととして，□，○を使った式を書きなさい。

〔　　　　　〕

(2) １辺の数が 18 このとき，まわりの数は何こになりますか。

〔　　　　　〕

(3) まわりの数が 104 このとき，１辺の数は何こになりますか。

〔　　　　　〕

3 下の表は，全国の小学校の児童数《じどうすう》について調べたものです。

全国の小学校の児童数

年	児童数(人)
2013	6676920
2014	6600006
2015	6543104
2016	6483515
2017	6448658
2018	6427867

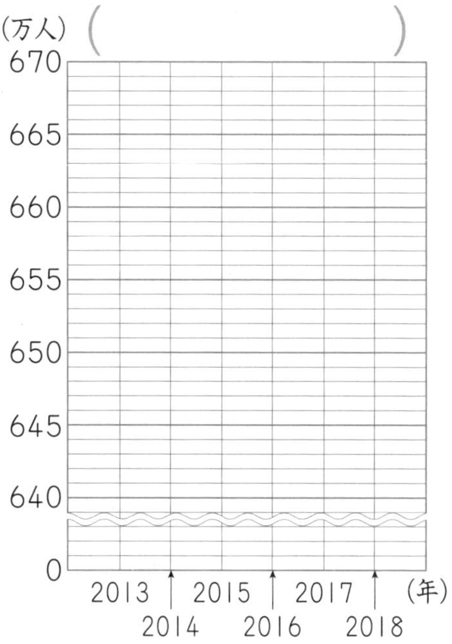

(1) 一万までのおよその数になおして，グラフに表しなさい。(13点/点1つ2点，線1点)

(2) どんな変《か》わり方をしていますか。(10点)

[　　　　　　　　　　　　　　]

4 同じ長さのぼうを使って，右の図のように三角形をつくっていきます。(20点/1つ10点)

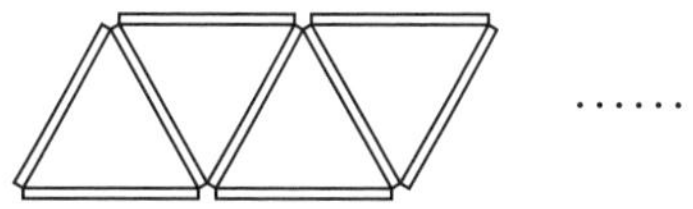

(1) 三角形の数を□こ，ぼうの数を○本として，□，○を使った式を書きなさい。

[　　　　　　　　　　　　　　]

(2) 三角形を12こつくるには，ぼうは何本いりますか。

[　　　　　　　　　　　　　　]

答え ➡ 別さつ17ページ

14 角の大きさ

要点のまとめ

❶ 角の大きさ

- ✓角の大きさは**角度**ともいいます。
- ✓角の大きさをはかるには**分度器**《ぶんどき》を使います。
- ✓直角を90に等分した１つ分の大きさを**１度**といい，１°と書きます。分度器のいちばん小さい１目もりが１°です。

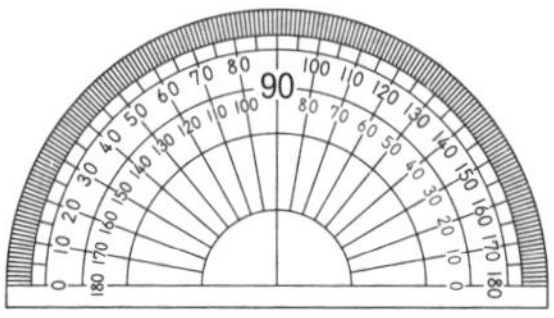

❷ 回転の角

- ✓直角１つ分の大きさを**１直角**といいます。

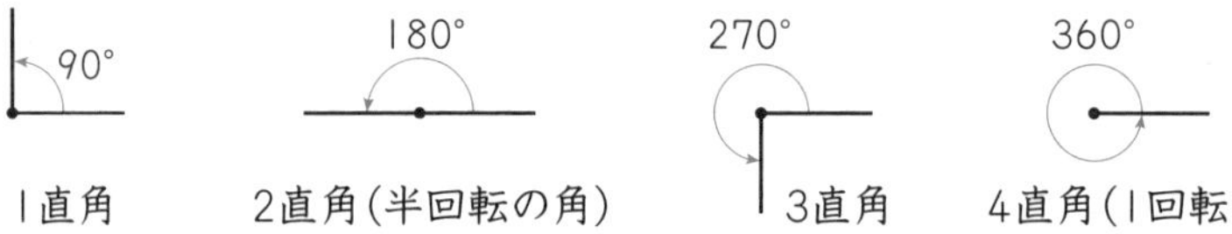

１直角　　2直角（半回転の角）　　3直角　　4直角（１回転の角）

ステップ１

1 次の角度をはかりなさい。

(1)

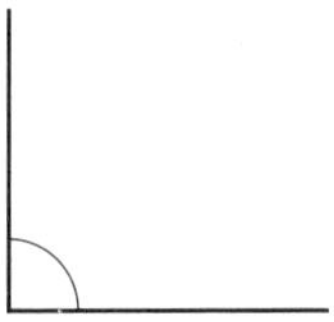

〔　　　　〕

(2)

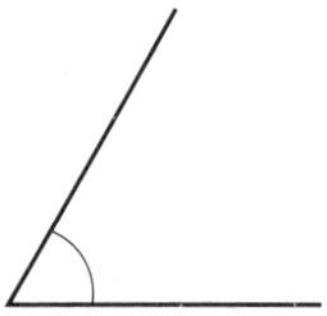

〔　　　　〕

(3)

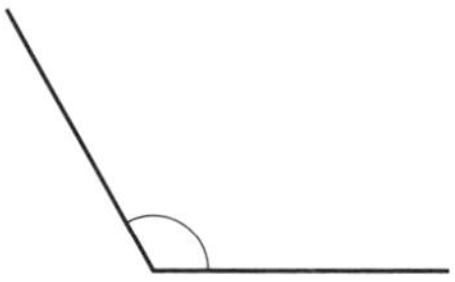

〔　　　　〕

(4)

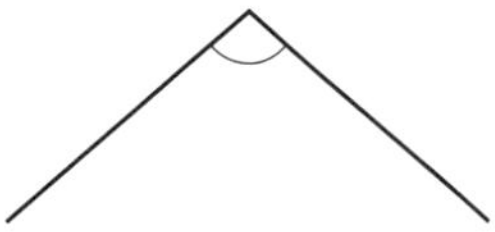

〔　　　　〕

(5)

〔　　　　〕

(6)

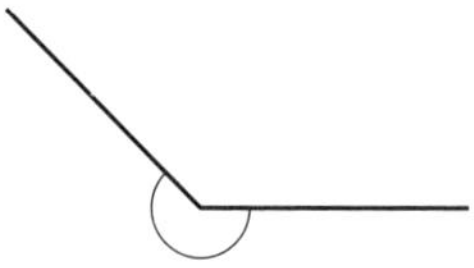

〔　　　　〕

2 次の大きさの角をかきなさい。

(1) 25°　　(2) 100°　　(3) 210°

重要 **3** 三角じょうぎの角は，それぞれ何度ですか。

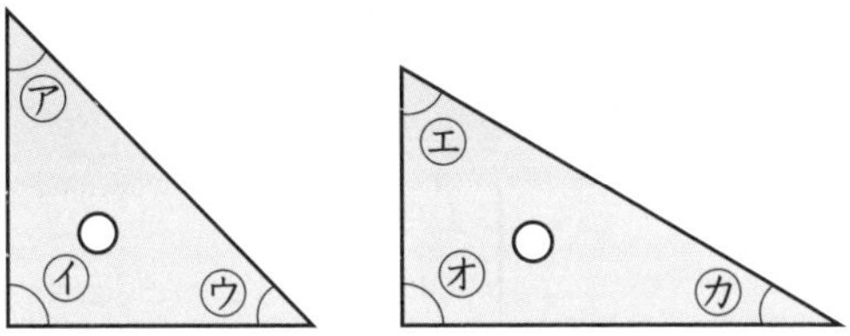

㋐〔　　〕 ㋑〔　　〕 ㋒〔　　〕

㋓〔　　〕 ㋔〔　　〕 ㋕〔　　〕

重要 **4** 右の図のような２本の直線が交わってできる**ア**，**イ**，**ウ**，**エ**の角について，次の問いに答えなさい。

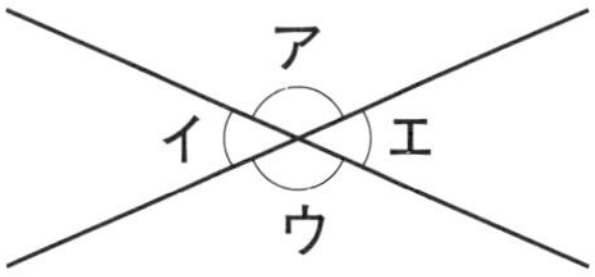

(1) 角**ア**と同じ大きさの角はどれですか。

〔　　〕

(2) 角**イ**と同じ大きさの角はどれですか。

〔　　〕

かくにんしよう

角の大きさは，辺《へん》の長さには関係《かんけい》なく，辺と辺の開きぐあいです。２本の直線が交わるとき，そこにできた角について，向かい合う角(対頂角《たいちょうかく》)の大きさは等しくなります。

ステップ2

月　日　答え ➡別さつ17ページ

時間 30分　合かく 80点　とく点　点

1 次の㋐の角度を求《もと》めなさい。（20点/1つ5点）

(1)

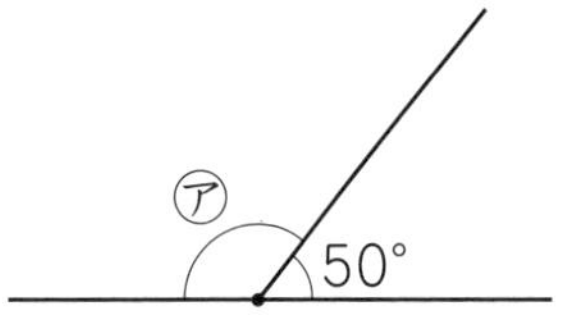

〔　　　　〕

(2)

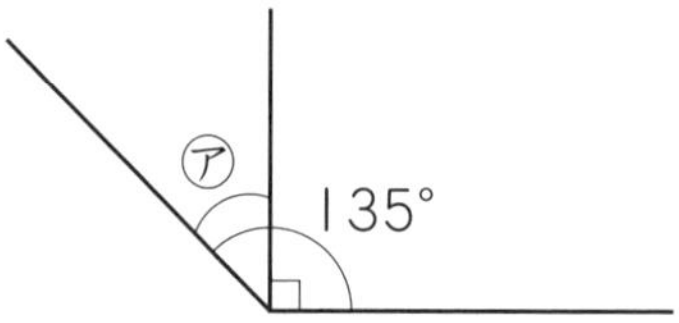

〔　　　　〕

(3)

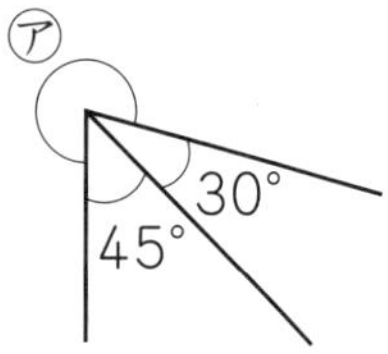

〔　　　　〕

(4)

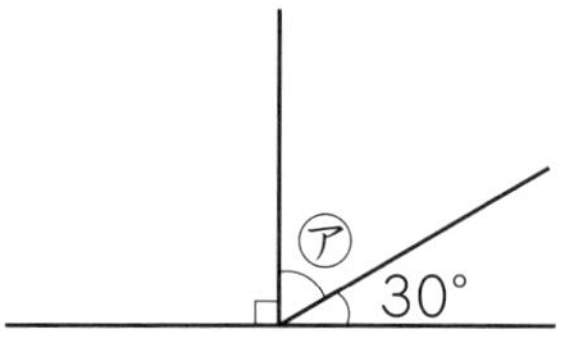

〔　　　　〕

2 次の㋐の角度を求めなさい。（28点/1つ7点）

(1)

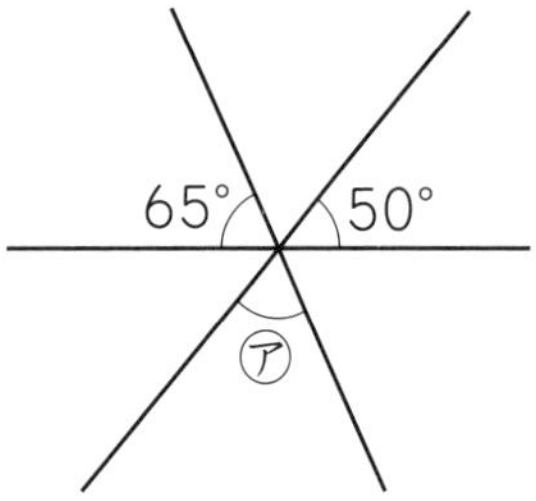

〔　　　　〕

(2)

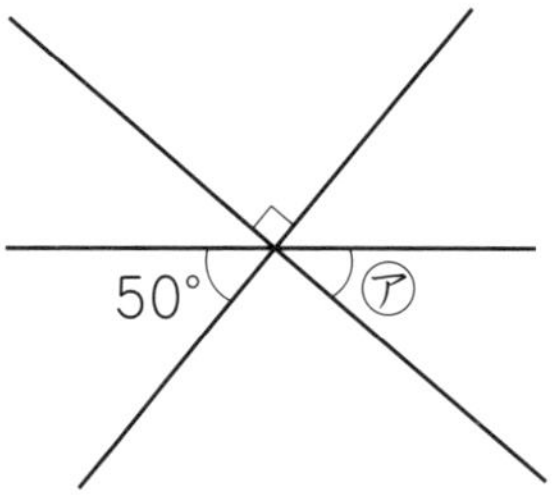

〔　　　　〕

(3)

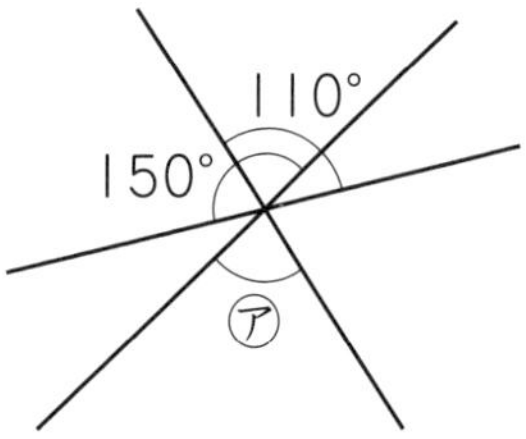

〔　　　　〕

(4)

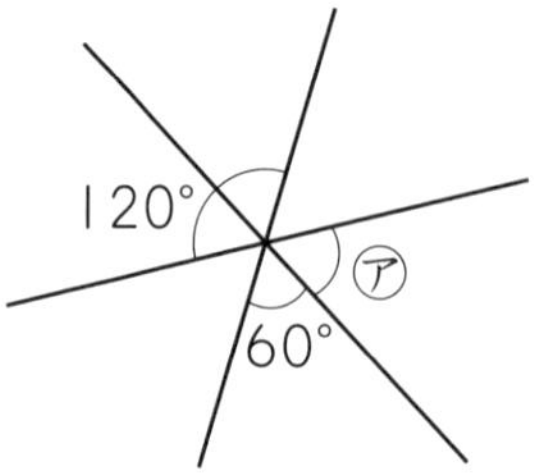

〔　　　　〕

重要 **3** 下の図は，１組の三角じょうぎを使って，いろいろな角をつくったものです。分度器《ぶんどき》を使わないで，角の大きさを求めなさい。(16点/1つ4点)

(1)

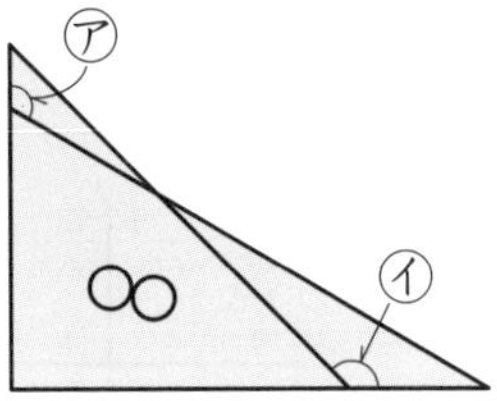

(2)

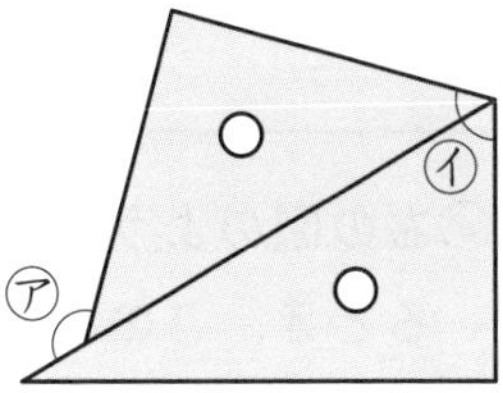

(1) ㋐〔　　　　〕　㋑〔　　　　〕

(2) ㋐〔　　　　〕　㋑〔　　　　〕

4 次の問いに答えなさい。(36点/1つ4点)

(1) 次の時計の長いはりと短いはりの間の小さいほうの角は何度ですか。

①

②

③

〔　　　　〕　〔　　　　〕　〔　　　　〕

(2) 長いはりは，１時間に何度まわりますか。〔　　　　〕

(3) 長いはりは，１分間に何度まわりますか。〔　　　　〕

(4) 短いはりは，１時間に何度まわりますか。〔　　　　〕

(5) 短いはりは，１分間に何度まわりますか。〔　　　　〕

(6) 短いはりが90°まわるには，何時間かかりますか。

〔　　　　〕

(7) 長いはりが270°まわるには，何分かかりますか。

〔　　　　〕

15 垂《すい》直《ちょく》と平行

要点のまとめ

①垂《すい》 直《ちょく》

✓右の図のように，２本の直線が直角に交わるとき，この２本の直線はたがいに**垂直**であるといいます。

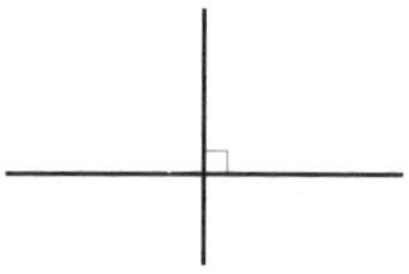

②平　行

✓１本の直線に垂直な２本の直線は，たがいに**平行**であるといいます。２本の**平行な直線の間の長さは，どこも等しくなっています。**

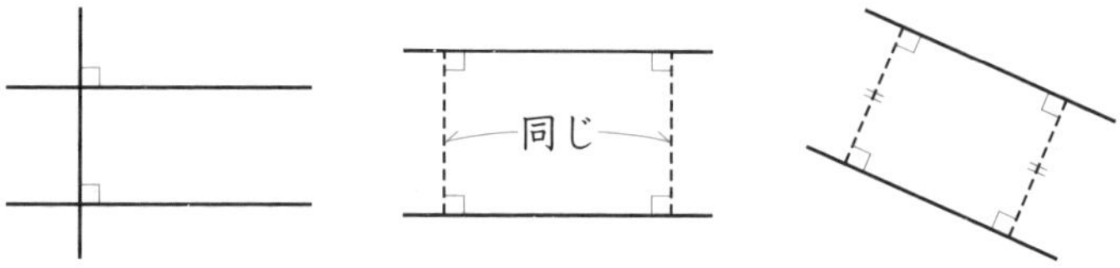

ステップ１

1 次のそれぞれの２本の直線の中で，垂直なものに○，平行なものに△，どちらでもないものに×をつけなさい。

(1)
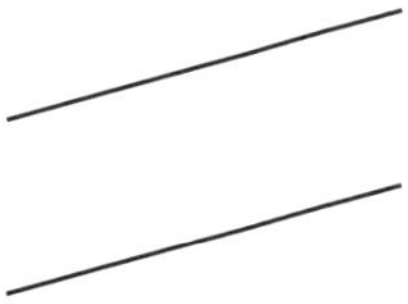
〔　　〕

(2)
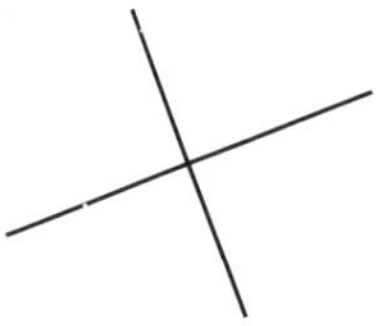
〔　　〕

(3)
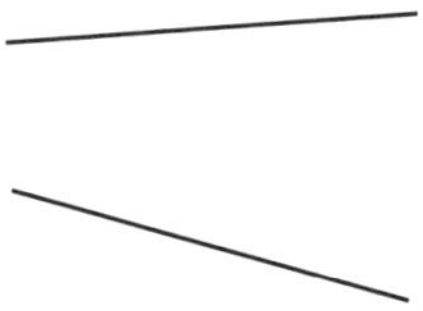
〔　　〕

(4)

〔　　〕

(5)

〔　　〕

(6)
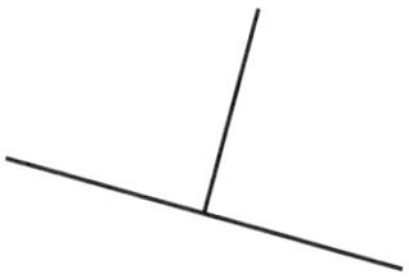
〔　　〕

(7)

〔　　〕

(8)
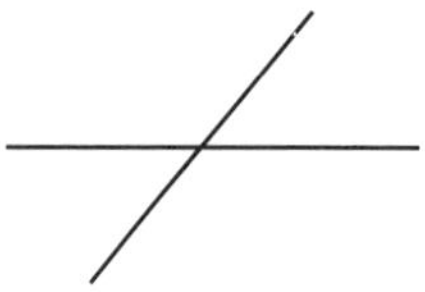
〔　　〕

(9)
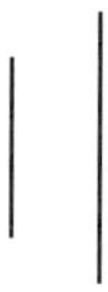
〔　　〕

重要 **2** 次の図に，点Aを通って直線㋐に垂直な直線をかきなさい。

(1)

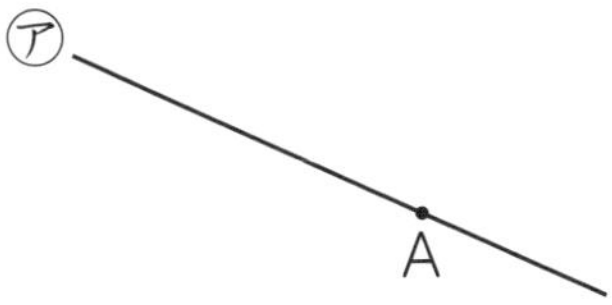

(2)

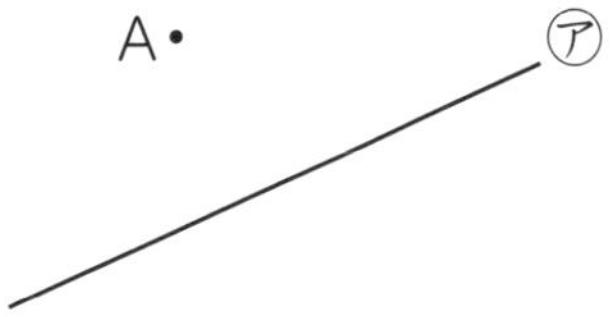

重要 **3** 右の図のように，平行な直線に１本の直線が交わっています。次の問いに答えなさい。

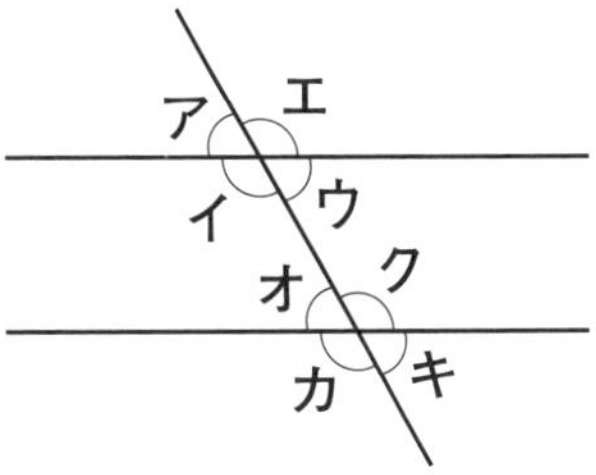

(1) 角**ア**と同じ大きさになる角を見つけなさい。

〔　　　　　〕

(2) 角**イ**と同じ大きさになる角を見つけなさい。

〔　　　　　〕

4 車が，右の図のように走っています。次の問いに答えなさい。

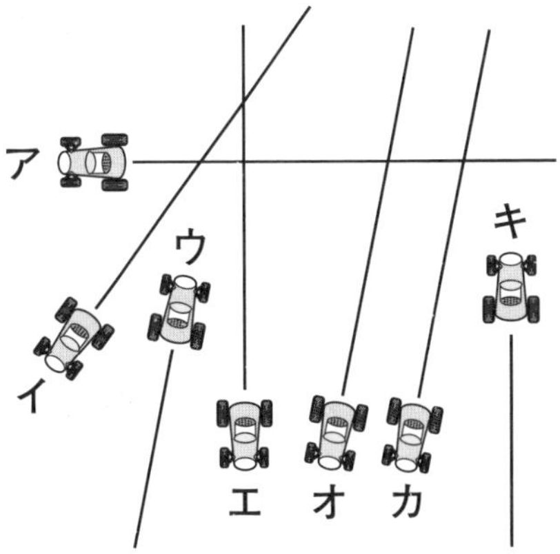

(1) 車**ア**のコースと垂直なコースを走る車はどれですか。すべて書きなさい。

〔　　　　　〕

(2) 車**カ**のコースと平行なコースを走る車はどれですか。すべて書きなさい。

〔　　　　　〕

かくにんしよう

垂直は２本の直線の交わり方で，直角は角の１つです。
平行な２本の直線に１本の直線が交わるとき，等しい大きさの角の位置《いち》は決まっています。四角形の特《とく》ちょうで使うのでたいせつです。

STEP 2

ステップ2

月　日　答え ➡ 別さつ18ページ

時間 30分
合かく 80点
とく点　　点

1 右の図の点Aを通って，直線㋐に平行な直線をかきなさい。（10点）

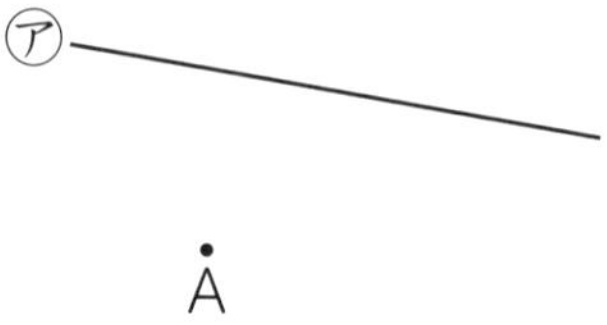

2 直線①と直線②は平行です。直線②と直線③も平行です。また，これらの直線に，直線④が交わっています。分度器《ぶんどき》を使わないで，次の問いに答えなさい。

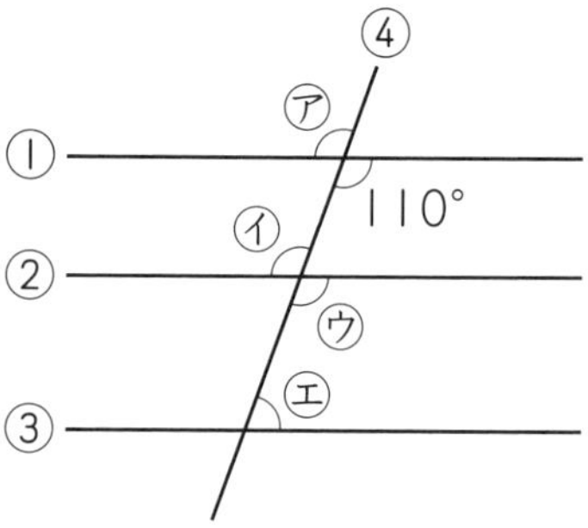

(1) 直線④が，右の図のように交わるとき，次の角の大きさを求《もと》めなさい。（10点/1つ5点）

角㋐［　　　　］　角㋑［　　　　］

(2) 角㋒と角㋓の角度の和（合計）はいくらになりますか。（10点）

［　　　　］

3 レールの上を車輪《しゃりん》がころがっていきます。右の図から1回転する間で，次の問いに答えなさい。（10点/1つ5点）

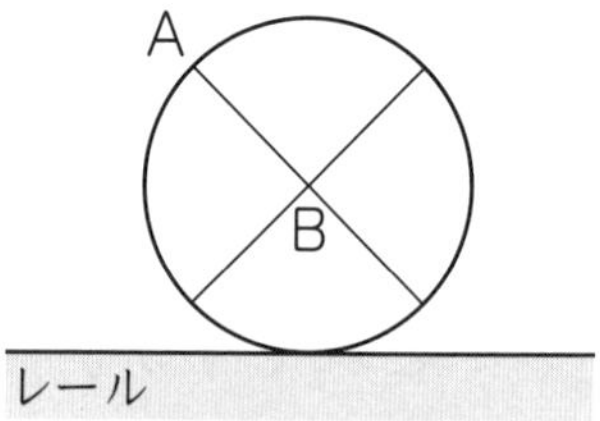

(1) 直線ABがレールと平行になるときは，何回ありますか。

［　　　　］

(2) 直線ABがレールと垂直《すいちょく》になるときは，何回ありますか。

［　　　　］

重要 **4** おり紙を折《お》って開くと，右の図のような線ができました。三角じょうぎや分度器を使わないで，次の問いに答えなさい。また，2つ以上《いじょう》あるものは，すべて答えなさい。(25点/1つ5点)

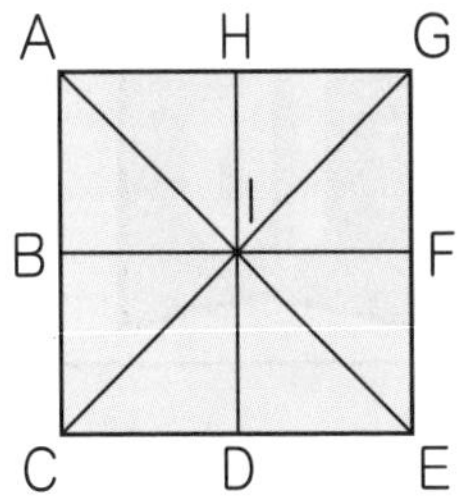

(1) 辺ABに垂直な辺《へん》はどれですか。

〔　　　　　　〕

(2) 辺ABに平行な辺はどれですか。　〔　　　　　　〕

(3) 辺BIに垂直な辺はどれですか。　〔　　　　　　〕

(4) 辺BIに平行な辺はどれですか。　〔　　　　　　〕

(5) 辺AIに垂直な辺はどれですか。　〔　　　　　　〕

5 次の問いに，分度器を使わないで答えなさい。

(1) 右の図のように，2本の紙テープを重ねます。このとき，角㋐，角㋑，角㋒は，それぞれ何度になりますか。(15点/1つ5点)

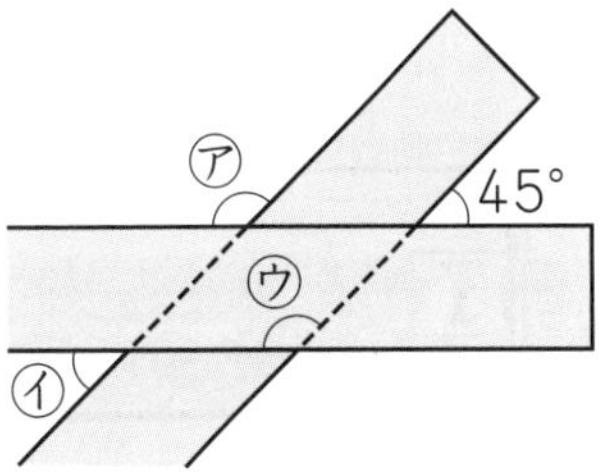

㋐〔　　　〕　㋑〔　　　〕　㋒〔　　　〕

(2) 右の図のように，折りました。角㋓は何度になりますか。(10点)

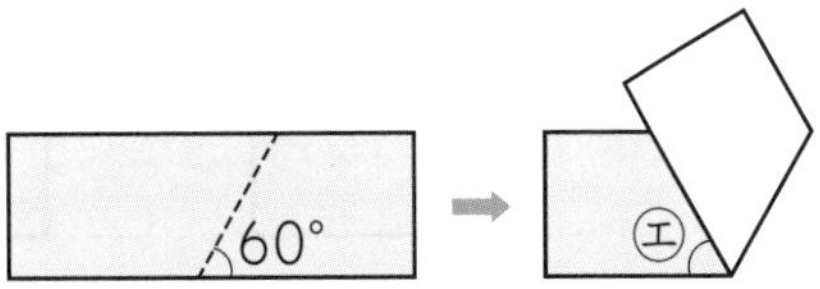

〔　　　　　　〕

(3) 右の図のように，長方形の紙を折ると㋔の角の大きさは何度ですか。(10点)　〔土佐女子中〕

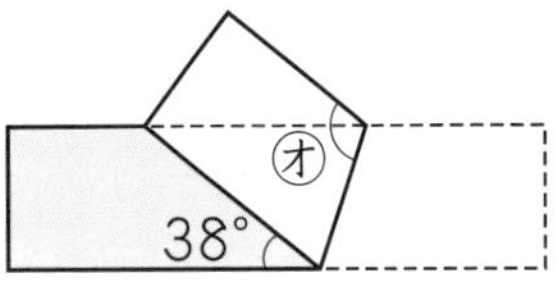

〔　　　　　　〕

16 四角形

要点のまとめ

❶ 四角形の種類《しゅるい》

①**台　形**…１組の向かい合った辺《へん》が平行である四角形。

②**平行四辺形**…２組の向かい合った辺がそれぞれ平行である四角形。

③**ひし形**…４つの辺の長さがみな同じ四角形。

④**長方形**…４つの角の大きさがみな同じ四角形。

⑤**正方形**…４つの辺の長さがみな同じで，４つの角の大きさもみな同じ四角形。

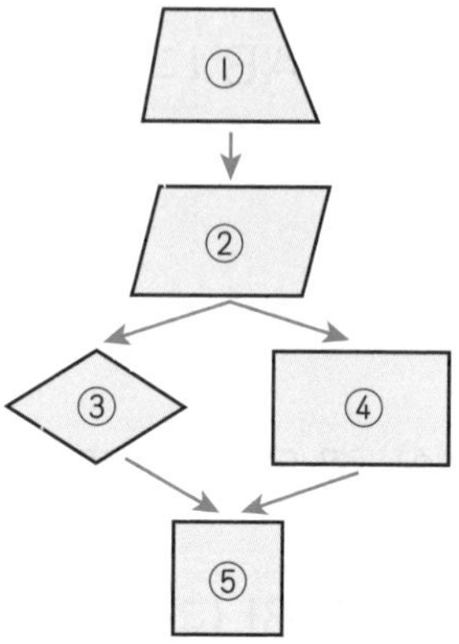

❷ 対角線

四角形の向かい合う頂点《ちょうてん》を結《むす》ぶ直線を**対角線**といいます。

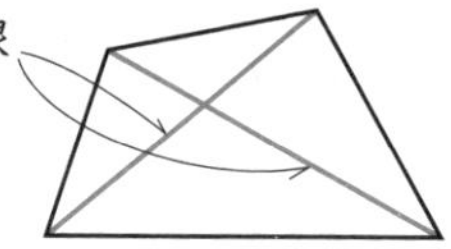

ステップ１

重要 **1** 次の四角形の名前を答えなさい。

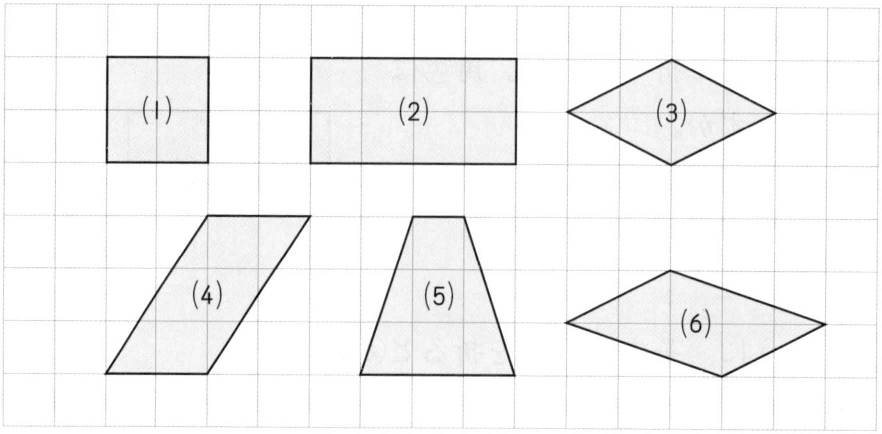

(1)〔　　　〕 (2)〔　　　〕 (3)〔　　　〕

(4)〔　　　〕 (5)〔　　　〕 (6)〔　　　〕

2 次の図形をかきなさい。

(1) となり合った辺の長さが3cmと2cmで，その間の角が60°の平行四辺形

(2) 1辺が3cmで，内側《うちがわ》の角が60°と120°のひし形

3 次の図形をかきなさい。

(1) 対角線の長さが4cmと2cmのひし形

(2) 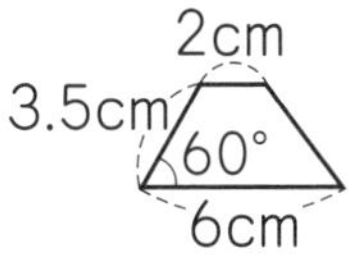

（台形）

重要 **4** 次の四角形について，㋐から㋗にそれぞれあてはまる辺の長さや角の大きさを答えなさい。

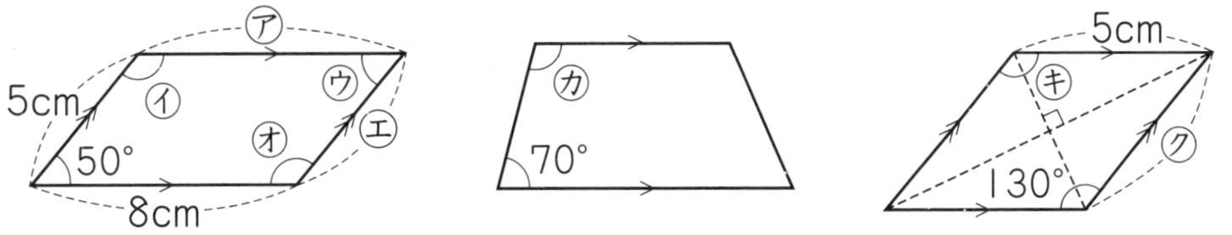

㋐〔　　　〕 ㋑〔　　　〕 ㋒〔　　　〕 ㋓〔　　　〕

㋔〔　　　〕 ㋕〔　　　〕 ㋖〔　　　〕 ㋗〔　　　〕

かくにんしよう　四角形のせいしつを調べるときは，辺の長さが等しいかどうかだけでなく，辺の垂《すい》直《ちょく》・平行，角の大きさ，対角線の長さや交わり方に目を向けます。

STEP 2

ステップ 2

月　日　答え ➡ 別さつ19ページ

時間 30分　合かく 80点　とく点　点

重要 **1** 次の図形について，問いに答えなさい。同じ記号を何回使ってもかまいません。(30点/1つ10点)

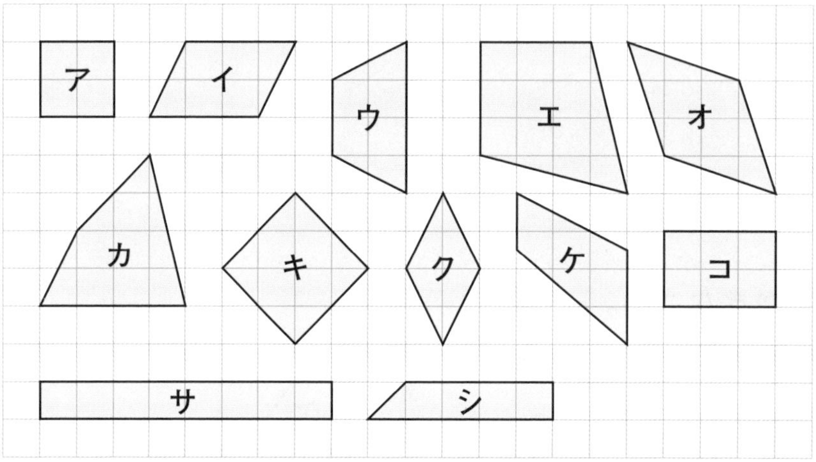

(1) 向かい合った２組の辺《へん》が平行な四角形のなかまは，どれですか。

〔　　　　　　　〕

(2) ４つの角の大きさが等しい四角形のなかまは，どれですか。

〔　　　　　　　〕

(3) ４つの辺の長さが等しい四角形のなかまは，どれですか。

〔　　　　　　　〕

2 図の３つの点Ａ，Ｂ，Ｃを頂点《ちょうてん》とする平行四辺形のもう１つの頂点Ｄをすべてかきなさい。(10点)

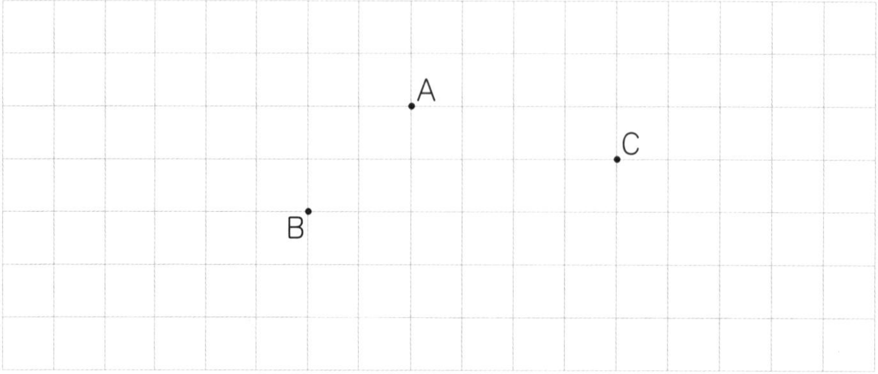

重要 **3** 対角線が次のように交わる四角形の名まえを書きなさい。(15点/1つ5点)

(1)

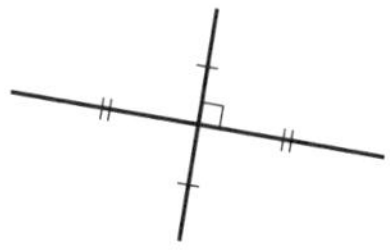

(2)

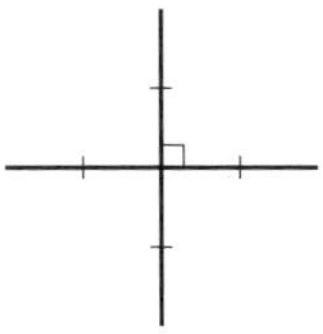

(3)

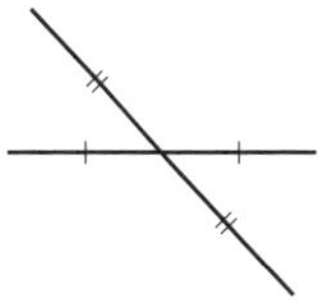

〔　　　　〕　〔　　　　〕　〔　　　　〕

4 次の形の対角線は何本ありますか。(15点/1つ5点)

(1)

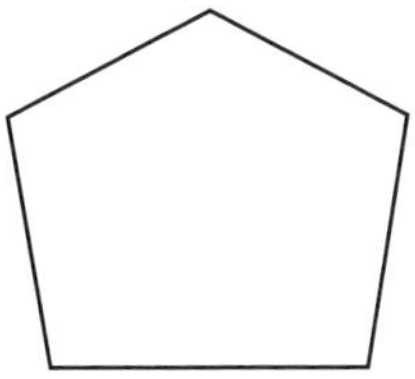

(2)

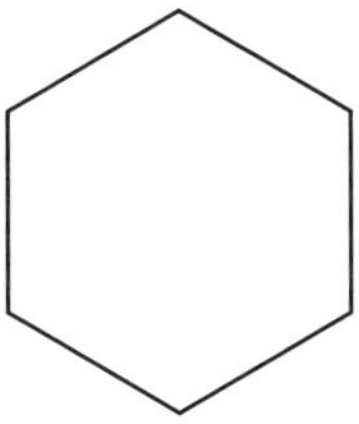

(3)

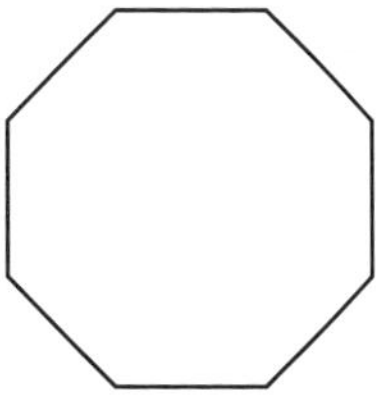

〔　　　　〕　〔　　　　〕　〔　　　　〕

5 次の図形を2こ組み合わせて，平行四辺形をつくりなさい。

(30点/1つ15点)

(1)

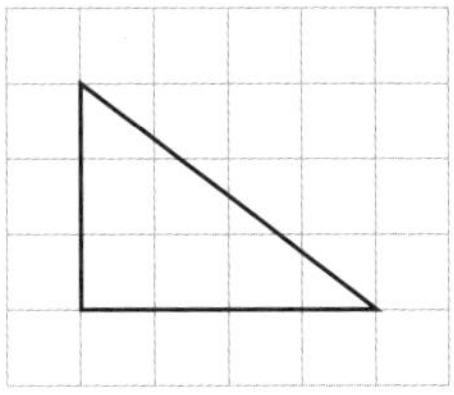

(2)

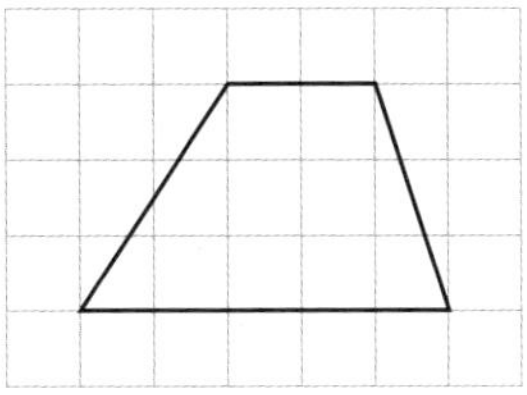

17 四角形の面積《めんせき》

要点のまとめ

❶ 面《めん》　積《せき》

図形の広さのことを**面積**といいます。面積は，**単位《たんい》にする広さのいくつ分か**で表します。

❷ 面積の単位

右の図のような１辺《ぺん》が１cmの正方形の面積と同じ広さを，**１平方センチメートル**といい，**１cm^2**と書きます。

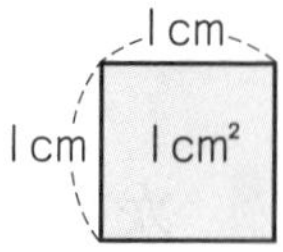

❸ 面積を求《もと》める公式

図形を長方形・正方形に形をかえたり，分けたりすると，次の式で面積を求められます。

長方形の面積＝たて×横　（または，**横×たて**）

正方形の面積＝１辺×１辺

ステップ１

重要 **1** 次の形は，㋐の形の何こ分になりますか。

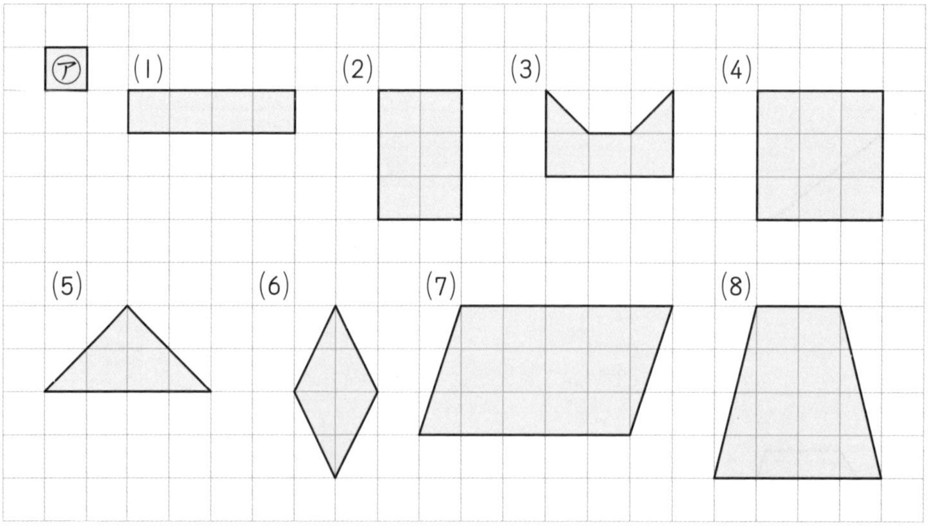

(1)〔　　　　〕 (2)〔　　　　〕 (3)〔　　　　〕 (4)〔　　　　〕

(5)〔　　　　〕 (6)〔　　　　〕 (7)〔　　　　〕 (8)〔　　　　〕

2 下の方がんは，1 目もりが 1 cm です。面積が 12 cm^2 になる形をいろいろかきなさい。

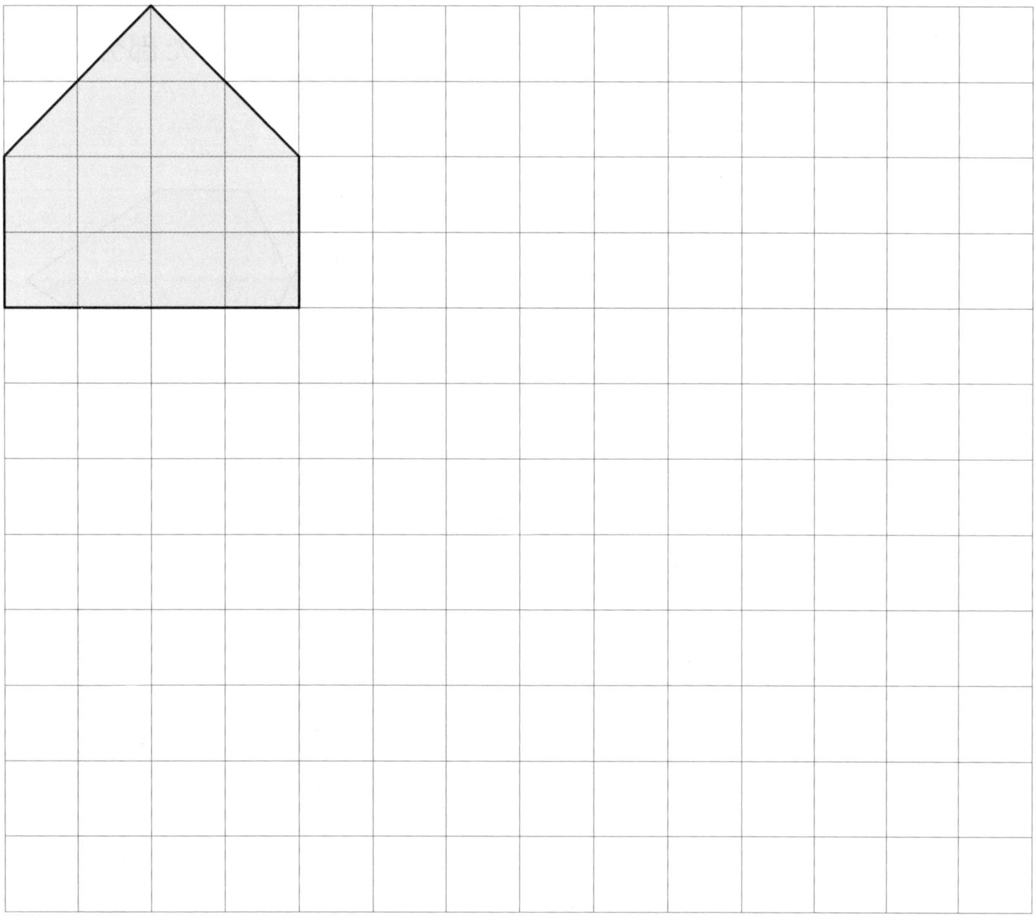

3 次のイとウの形では，どちらがどれだけ広いですか。下の㋐の形の広さを 1 cm^2 とします。

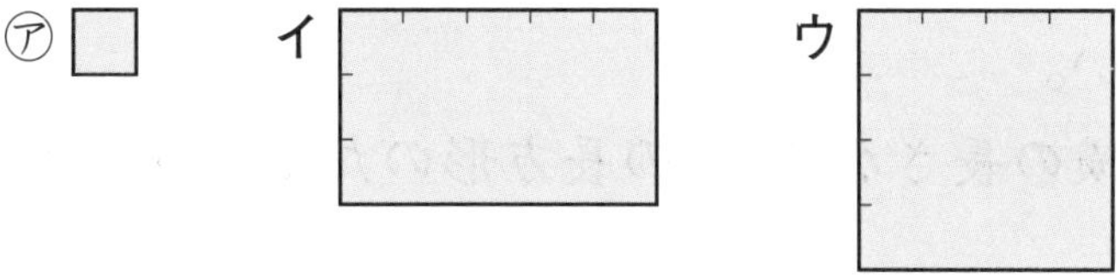

〔　　　　　　　　　　　　　　〕

かくにんしよう

面積を求めるには，同じ面積の長方形か正方形を考えます。
面積の公式は，1 cm^2 のいくつ分かを求める式で，1 cm^2 の面積が
たてにならぶ数×横にならぶ数 の意味になります。

月　日　答え ➡別さつ20ページ

STEP 2

ステップ2

時間 30分
合かく 80点
とく点　　点

1 下の方がんの１目もりを１cm とします。色のついた部分の面積《めんせき》を求《もと》めなさい。(24点/1つ6点)

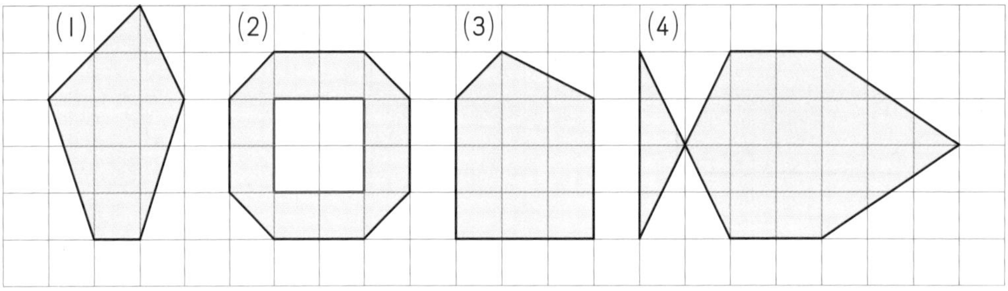

(1)［　　　　］ (2)［　　　　］ (3)［　　　　］ (4)［　　　　］

重要 **2** 次の正方形や長方形の面積を求めなさい。(18点/1つ6点)

(1)

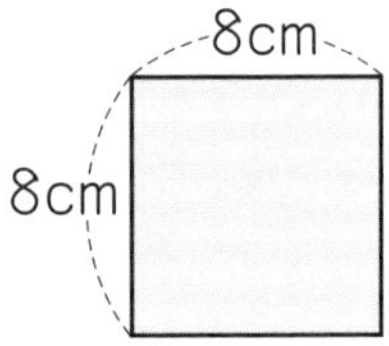

(2)

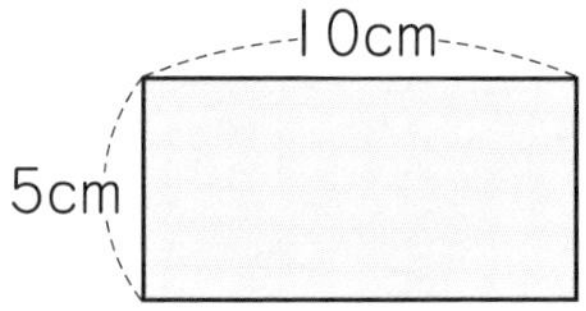

(3)

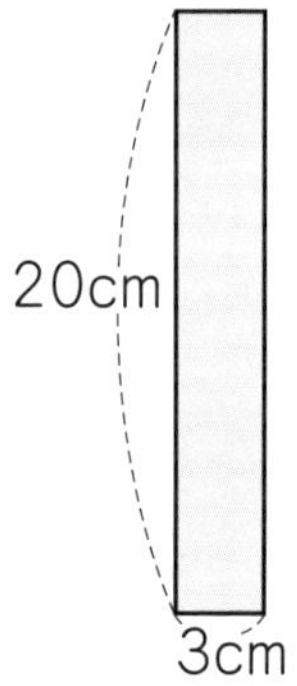

［　　　　］ ［　　　　］ ［　　　　］

3 次の問いに答えなさい。(12点/1つ6点)

(1) 面積が 40 cm^2 で，横の長さが 8 cm の長方形のたての長さは何 cm ですか。

［　　　　］

(2) 横の長さが 12 cm で，面積が 96 cm^2 の長方形のカードのたての長さは何 cm になりますか。

［　　　　］

重要 **4** 次の図形で色のついた部分の面積を求めなさい。(24点/1つ6点)

(1)

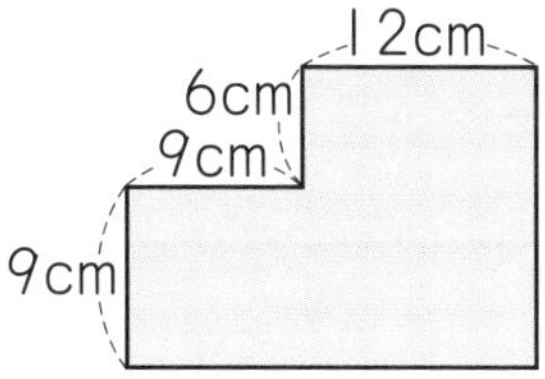

(2)

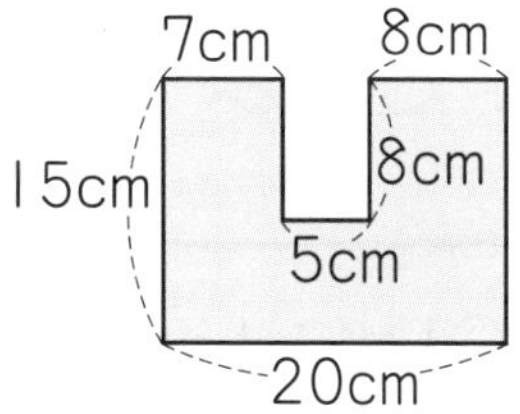

(3)

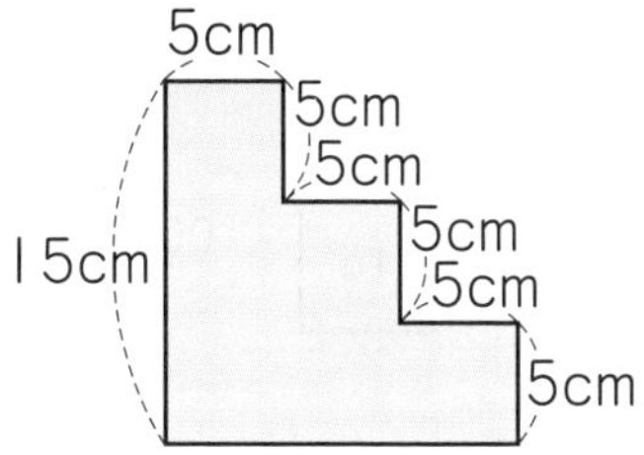

(4)

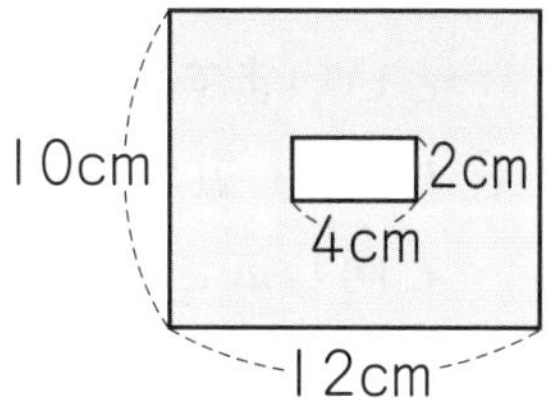

5 1辺《へん》が12 cmの正方形の紙を，これと同じ面積で，たてが18 cmの長方形の紙にとりかえたいと思います。(14点/1つ7点)

(1) 長方形の紙の横の長さは，何cmになりますか。

(2) たてが16 cmになると，横の長さは何cmになりますか。

6 右の図のような長方形の紙に，2つの色をぬります。㋐と㋑の面積が同じになるように分けるには，㋐の長方形のたての長さをいくらにすればよいですか。(8点)

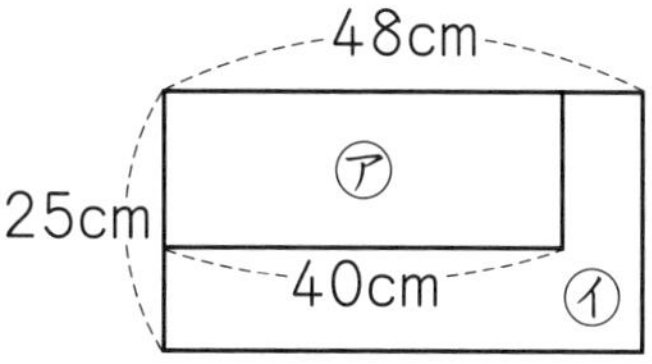

月　日　答え ➡ 別さつ21ページ

18 大きな面積《めんせき》の単位《たんい》

要点のまとめ

❶ 大きな面積《めんせき》の単位《たんい》

✓**1 m^2**… 1辺《ぺん》が1mの正方形の面積と同じ広さで，**1平方メートル**といいます。

✓**1 km^2**… 1辺が1kmの正方形の面積と同じ広さで，**1平方キロメートル**といいます。

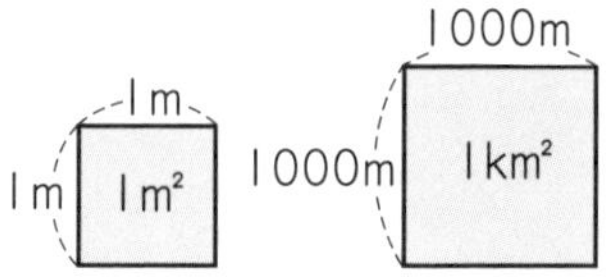

✓**1 a**… 1辺が10mの正方形の面積と同じ広さで，**1アール**といいます。

✓**1 ha**… 1辺が100mの正方形の面積と同じ広さで，**1ヘクタール**といいます。

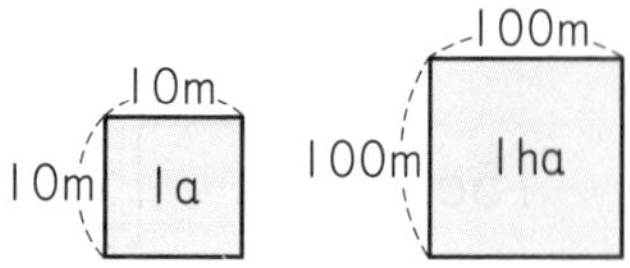

❷ 単位間の関係《かんけい》

✓面積を表す単位の間には，次のような関係があります。

$1\ \mathrm{m}^2=10000\ \mathrm{cm}^2$　**$1\ \mathrm{km}^2=1000000\ \mathrm{m}^2$**

$1\ \mathrm{a}=100\ \mathrm{m}^2$　**$1\ \mathrm{ha}=100\ \mathrm{a}$**

ステップ1

1 次の□にあてはまる単位を書きなさい。

(1) 1辺が1000mの正方形の面積は，1□です。

(2) 1辺が1mの正方形の面積は，1□です。

(3) 1辺が1cmの正方形の面積は，1□です。

(4) 1辺が100mの正方形の面積は，1□です。

(5) 1辺が10mの正方形の面積は，1□です。

重要 **2** 同じ広さになるように，□にあてはまる数を書きなさい。

(1) 1 m^2 = □ cm^2　　(2) 5000 cm^2 = □ m^2

(3) 4.3 m^2 = □ cm^2　　(4) 2 km^2 = □ m^2

(5) 650000 m^2 = □ km^2　　(6) 0.8 km^2 = □ m^2

3 次の面積を(　)の中の単位で求《もと》めなさい。

(1)

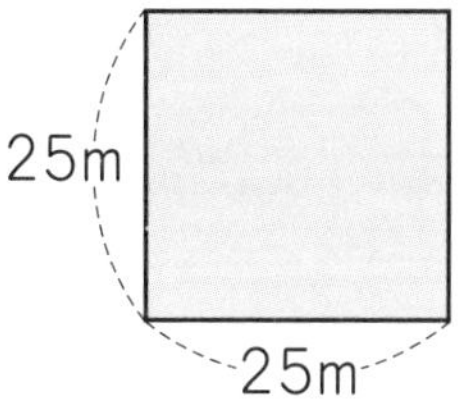

(m^2)

(2)

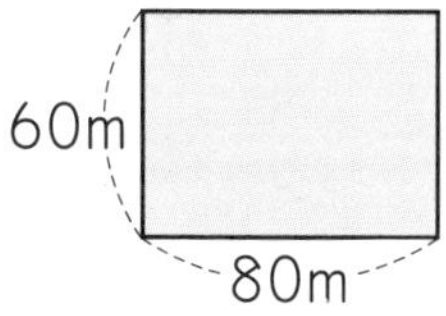

(a)

(3)

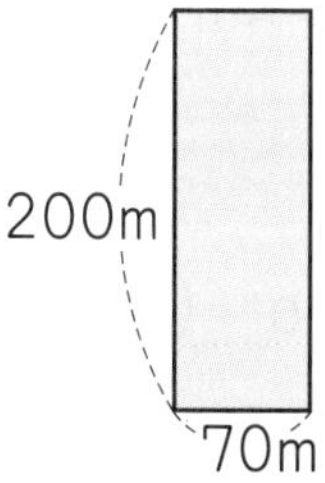

(ha)

〔　　　　〕　〔　　　　〕　〔　　　　〕

4 次の問いに答えなさい。

(1) たて 4 m，横 80 cm の長方形のポスターをつくります。このポスターの面積は，何 cm^2 になりますか。また，それは何 m^2 ですか。

〔　　　　〕

(2) たて 60 m，横 70 m の長方形の土地があります。この土地の面積は，何 m^2 になりますか。また，何 a ですか。

〔　　　　〕

かくにんしよう

cm^2，m^2，km^2，a，ha の単位は，正方形の 1 辺の長さで決まります。よって，cm，m，km の長さの単位の関係を正しくつかむことがたいせつです。
面積を求める計算では，辺の長さの単位を同じにして計算します。

月　　日 答え ➡ 別さつ21ページ

STEP 2

ステップ 2

時間 30分　合かく 80点　とく点　　点

1 (　)の中の単位《たんい》になおしなさい。(40点/1つ5点)

(1) 4 m^2　(cm^2)　［　　］

(2) 5.2 m^2　(cm^2)　［　　］

(3) 20000 cm^2　(m^2)　［　　］

(4) 2 km^2　(m^2)　［　　］

(5) 0.5 km^2　(m^2)　［　　］

(6) 4000 m^2　(a)　［　　］

(7) 3 ha　(m^2)　［　　］

(8) 0.6 ha　(a)　［　　］

重要 **2** 次の面積《めんせき》は，cm^2，m^2，km^2，a，ha の中で，どの単位を使って表せばわかりやすいですか。(12点/1つ3点)

(1) はがき　［　　］

(2) 運動場　［　　］

(3) 国　［　　］

(4) 教室のゆか　［　　］

3 長さ 36 cm のはり金が 2 本あります。このはり金を 1 本使って正方形をつくります。もう 1 本のはり金で，たて 15 cm の長方形をつくります。(どちらも，つなぎ目は考えないことにします。)(18点/1つ6点)

(1) 正方形の面積は何 cm^2 ですか。

［　　］

(2) 長方形の面積は何 cm^2 ですか。

［　　］

(3) どちらが何 cm^2 広いですか。

［　　］

重要 **4** 右の図のような花だんがあります。中に，はば2 m の道がついています。道をのぞいた花だんの面積を求《もと》めなさい。(6点)

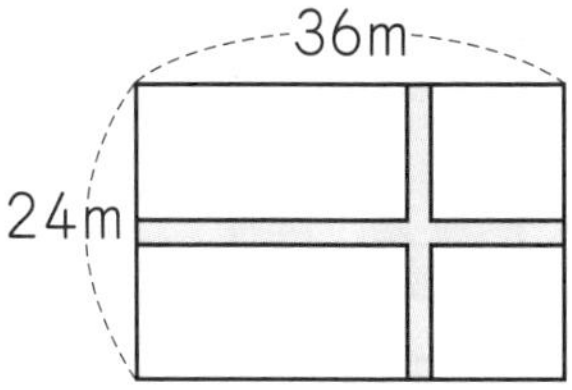

5 右の図のように，長方形の庭の中に，正方形の池をつくります。池のまわりの土の面積を，池の面積の2倍になるようにするには，庭の横の長さを何 m にすればよいですか。(6点)

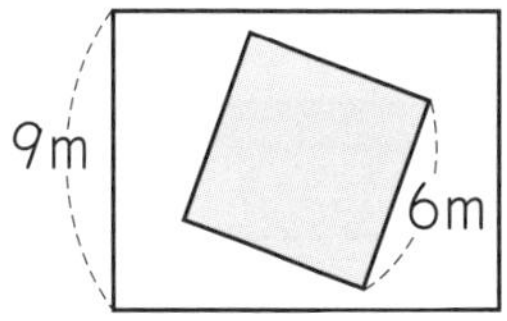

重要 **6** 右の図のように，たて 8 cm，横 12 cm の長方形の紙があります。この紙を，横の長さを3等分，たての長さを半分になるよう折《お》り目をつけて，四角形をかきました。この四角形の面積を求めなさい。(6点)

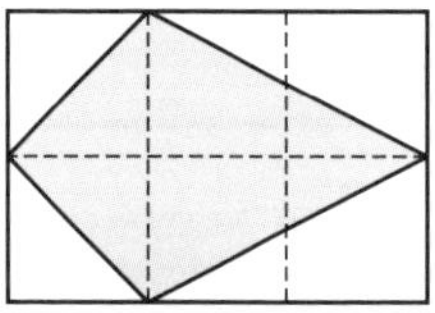

7 学校のすな場は，たてが 8 m，横が 12 m あります。(12点/1つ6点)

(1) すな場の面積は何 m^2 になりますか。

(2) このすな場のたて，横を，どちらも2倍の長さに広げるとすると，面積はもとのすな場の何倍になりますか。

19 直方体と立方体 ①

要点のまとめ

❶ 直方体と立方体

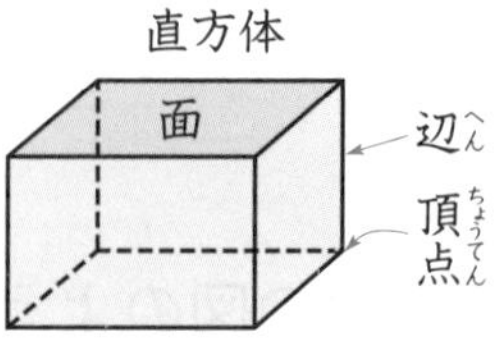

✓長方形だけか，長方形と正方形でかこまれた箱の形を**直方体**といいます。

✓同じ大きさの6つの正方形でかこまれた箱の形を**立方体**といいます。

✓箱の形を囲む長方形や正方形など，平らな面を**平面**といいます。

❷ 見取図《みとりず》

✓右上の図のように，立体のおよその形が分かるように，ななめから見たようすをかいたものを，**見取図**といいます。

①見えない場所にある辺は，点線でかく。

②平行な辺は平行にかく。

③手前からおくに向かう辺は，本当の長さより少し短めに，ななめにかく。

ステップ1

1 次の□にあてはまることばを書きなさい。

(1) 長方形だけ，または長方形と正方形でかこまれた形を□という。

(2) 6つの正方形でかこまれた形を□という。

2 次の図の場所の名前を□に書きなさい。

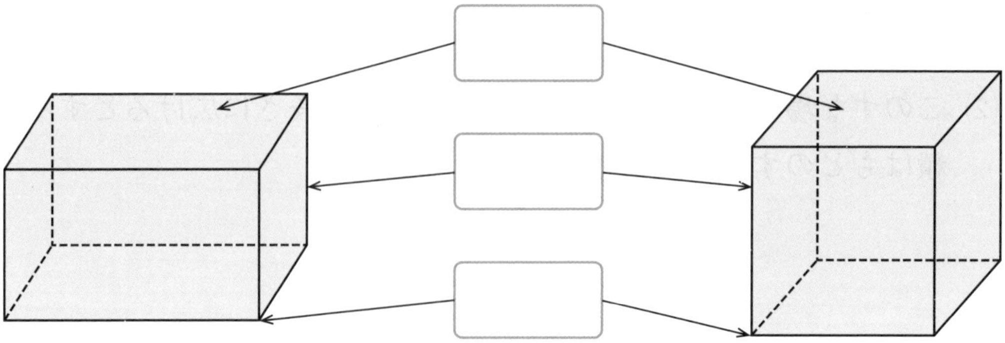

3 下の表にあてはまる数やことばを書きなさい。

	面の形	面の数	辺の数	頂点の数
直方体				
立方体				

重要 **4** 右の直方体について，問いに答えなさい。

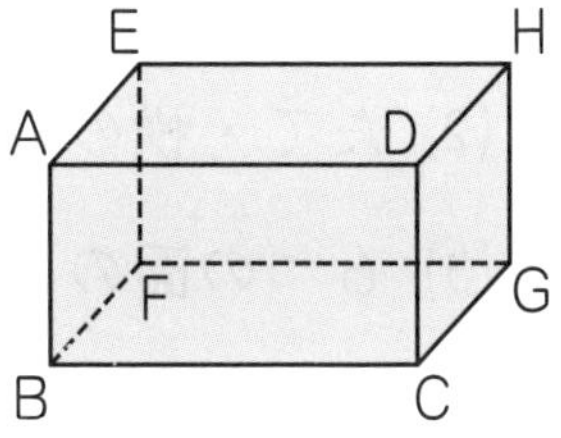

(1) 辺 AD に垂直に交わる辺はどれですか。

〔　　　　　　〕

(2) 辺 AD に平行な辺はどれですか。

〔　　　　　　〕

(3) 面 ABCD に垂直な辺はどれですか。

〔　　　　　　〕

(4) 面 ABCD に平行な辺はどれですか。

〔　　　　　　〕

(5) 面 ADHE に垂直な面はどれですか。

〔　　　　　　〕

(6) 面 ADHE に平行な面はどれですか。

〔　　　　　　〕

(7) 辺 AE と必《かなら》ず同じ長さである辺は辺 AE 以外に何本ですか。

〔　　　　　　〕

かくにんしよう
直方体や立方体では，となり合った面どうし，辺どうし，面と辺は，垂直になり，向かい合った面どうし，辺どうしは，平行になります。

月　　日　答え ➡別さつ22ページ

ステップ 2

時間 30分　合かく 80点　とく点　　点

1 次の文は，直方体か立方体を説明《せつめい》しています。それぞれの文は，どちらの説明になりますか。(24点/1つ4点)

(1) たて・横・高さがみな同じ長さです。〔　　　　〕

(2) たて・横の長さは同じで，高さがちがいます。〔　　　　〕

(3) 6つの面のうち，4つは長方形，2つは正方形です。〔　　　　〕

(4) 6つの面がみな正方形です。〔　　　　〕

(5) 12本の辺《へん》の長さがみな同じです。〔　　　　〕

(6) 12本の辺の長さが3つの組に分かれています。〔　　　　〕

2 次の文は直方体について書いたものです。□にあてはまることばや数を書きなさい。(32点/1つ4点)

(1) 面の形は，□または□で，あわせて□ある。

形も大きさも必《かなら》ず同じである面は□こずつで□組ある。

(2) 辺は全部で□本ある。

必ず同じ長さである辺は，□本ずつで□組ある。

3 次の図の続きをかいて，直方体の見取図《みとりず》をそれぞれ完成《かんせい》させなさい。(10点/1つ5点)

(1)

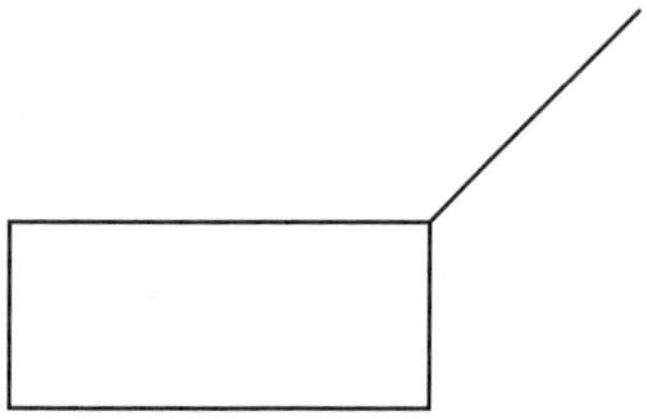

(2)

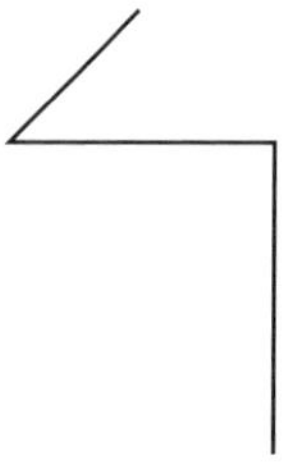

4 右の図の直方体について，面㋐，面㋑の面積《めんせき》はそれぞれ何 cm^2 ですか。

(8点/1つ4点)

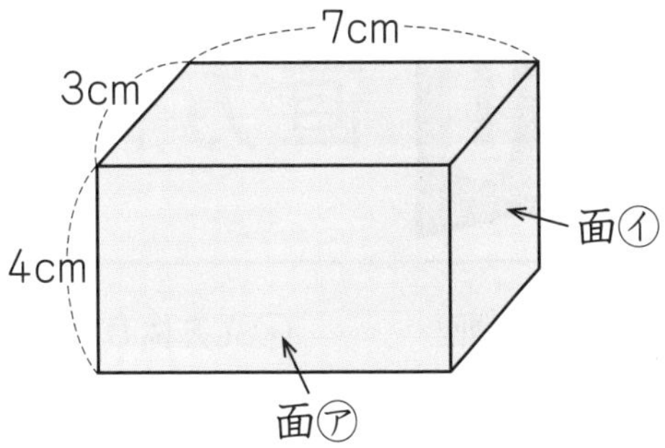

面㋐〔　　　　　〕　面㋑〔　　　　　〕

5 右の図のような直方体に，色紙をはります。１つの面に１まいの色紙を使うことにします。

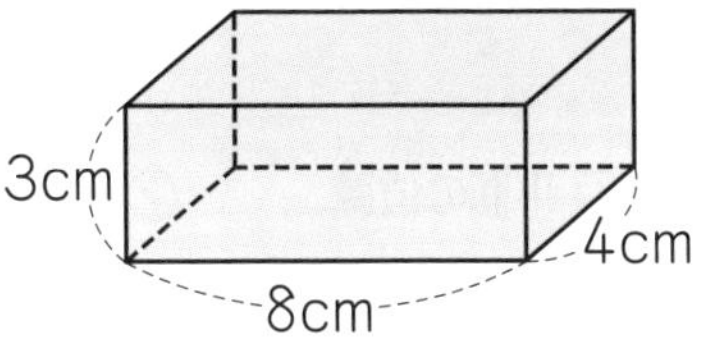

(1) どんな形で，どんな大きさの色紙が何まいいりますか。(10点)

〔　　　　　　　　　　　　　　　　〕

(2) この直方体の全部の面の面積の和は，いくらになりますか。(6点)

〔　　　　　〕

重要 **6** 右のような直方体の箱を，図のようにリボンで結《むす》びます。結び目に 20 cm 使うとすると，リボンは何 cm いりますか。求め方も書きなさい。

(10点)

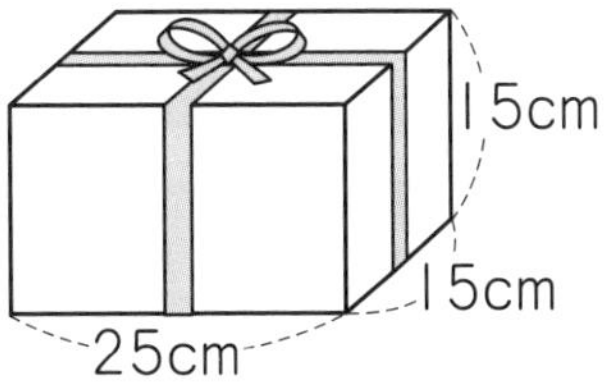

(求め方)

答え〔　　　　　〕

月　　日　答え➡別さつ22ページ

20 直方体と立方体 ②

要点のまとめ

❶ てん開図

✓立方体や直方体のような立体を切り開いた図を**てん開図**といいます。

例 立方体のてん開図

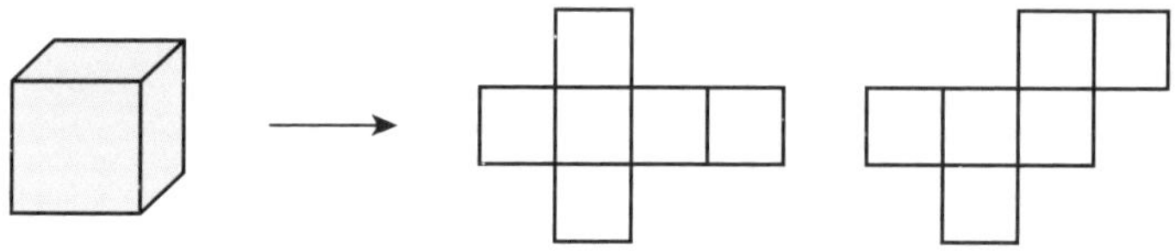

❷ 平面の位置《いち》

✓平面にある点の位置は，もとにする点から，**(横，たて)の長さの組**で表します。

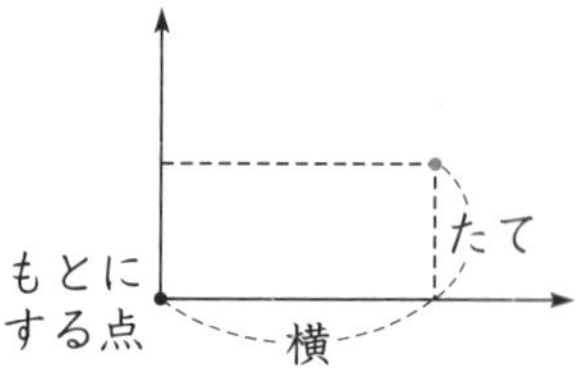

❸ 空間の位置

✓空間にある点の位置は，もとにする点から，**(横，たて，高さ)の長さの組**で表します。

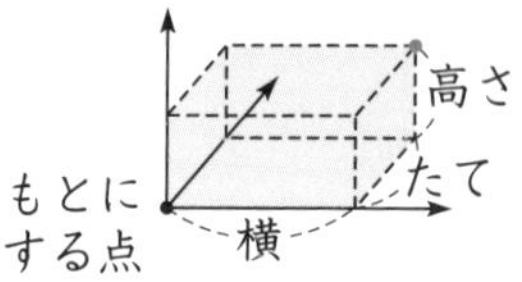

ステップ 1

重要 **1** 次のてん開図を立方体に組み立てます。

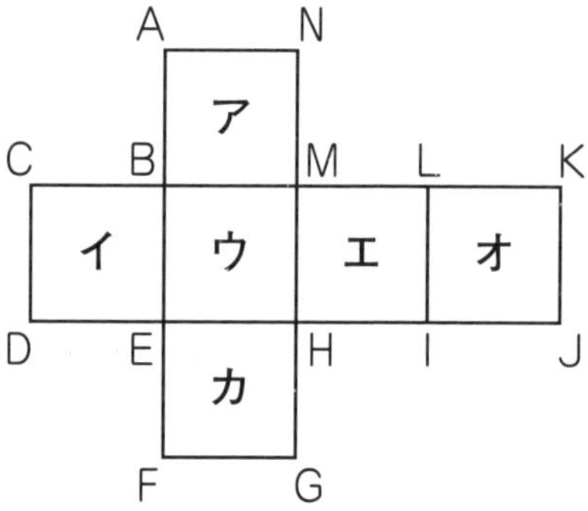

(1) 点Nと重なる点は，どの点ですか。

〔　　　　　　〕

(2) 辺DEと重なる辺は，どの辺ですか。

〔　　　　　　〕

(3) 辺KJと重なる辺は，どの辺ですか。

〔　　　　　　〕

(4) 面**ア**ととなり合う面は，どの面ですか。すべて答えなさい。

〔　　　　　　　　　　〕

2 底《そこ》になった面がたて 2 cm，横 3 cm の長方形で，高さが 1 cm の直方体のてん開図をかきなさい。

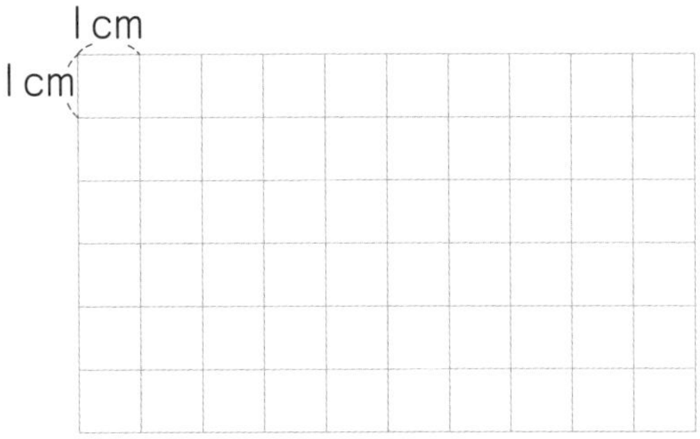

3 さいころのてん開図をすべて選《えら》びなさい。

ア　イ　ウ　エ　オ

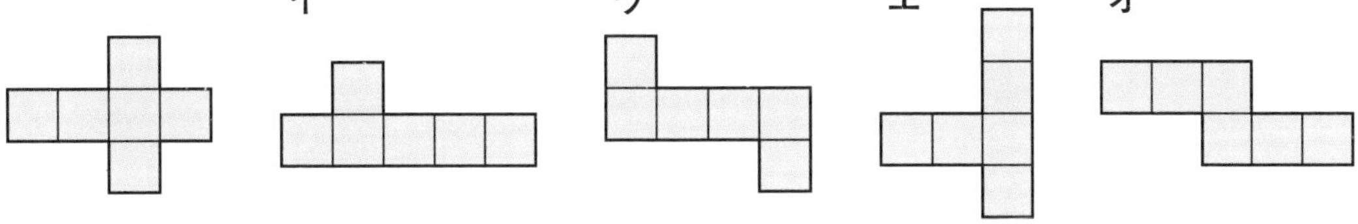

〔　　　　　〕

4 右の図で，点 A をもとにして，点 B(1，3) と表すとき，

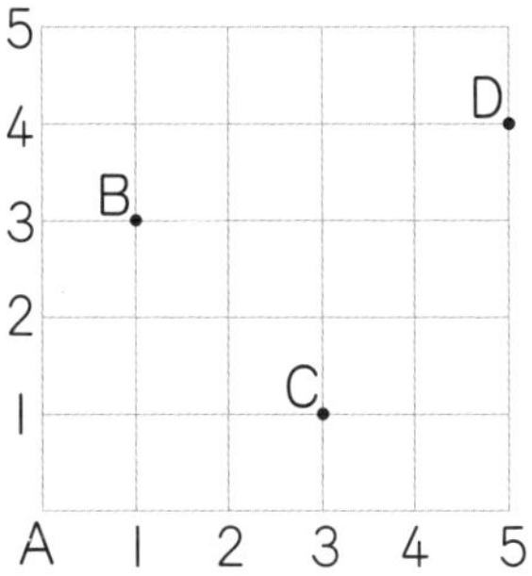

(1) 点 C，D の位置を表しなさい。

点 C〔　　　　　〕　点 D〔　　　　　〕

(2) 点 E(4，3) とするとき，右の図に点 E をかきこみなさい。

重要 **5** 右の直方体で A の点をもとにして，G の点は (4 cm，3 cm，1 cm) で表されます。このとき，次の点の位置を表しなさい。

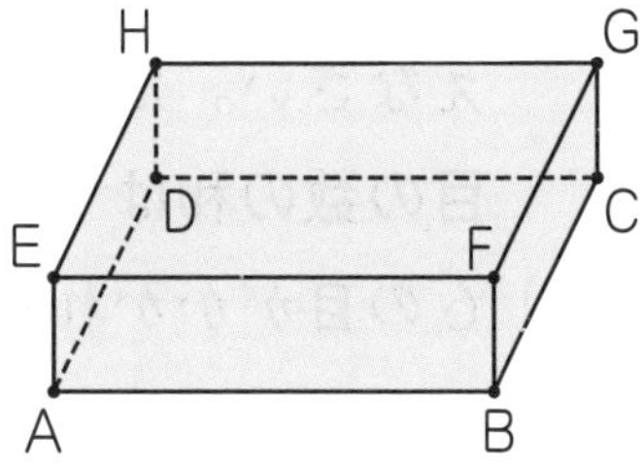

点 A〔　　　　　〕

点 C〔　　　　　〕　点 E〔　　　　　〕

かくにんしよう

立方体の「てん開図」では，間の角度が 90° の 2 本の辺は重なります。
たとえば，1 のてん開図で，辺 BM を切りはなして，辺 NM と辺 ML をつなげた「てん開図」も，同じ立方体の「てん開図」になります。

月　日　答え ➡ 別さつ23ページ

ステップ 2

時間 30分　合かく 80点　とく点　点

1 右の直方体のてん開図を組み立てます。

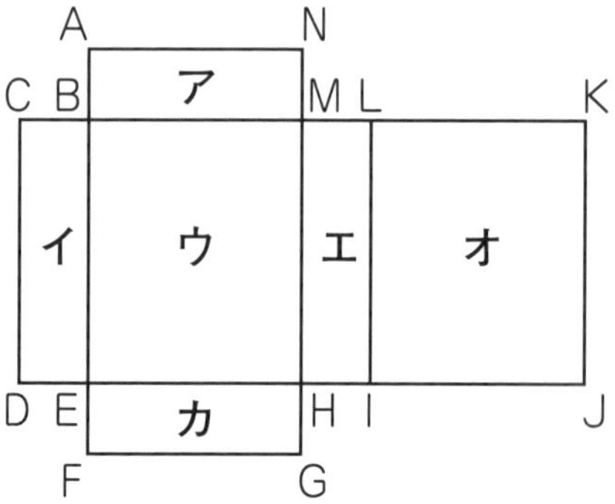

(1) 点Kと重なる点はどの点ですか。すべて答えなさい。(7点)

〔　　　　〕

(2) 面エに垂直《すいちょく》な面はどれですか。すべて答えなさい。(7点)

〔　　　　〕

(3) 辺BMに垂直な面はどれですか。すべて答えなさい。(8点)

〔　　　　〕

(4) 辺BEに平行な辺はどれですか。すべて答えなさい。(8点)

〔　　　　〕

重要 **2** さいころのてん開図について，次の問いに答えなさい。ただし，向かい合う面にかかれた目の数の和は7です。(10点/1つ5点)

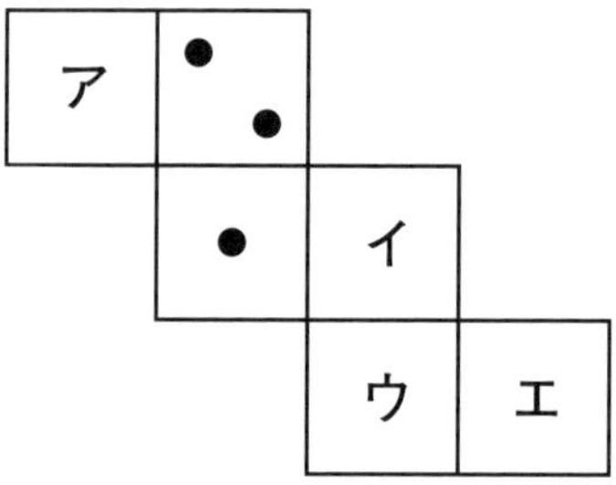

(1) 6の目がかかれる面は，どの面ですか。

〔　　　　〕

(2) 3と4の目がかかれる2つの面は，どの面とどの面ですか。

〔　　　　〕

3 さいころのてん開図を㋐までかきました。残《のこ》り１つの正方形を正しい位置《いち》にかいているものをイ〜オの中から選《えら》びなさい。（10点）

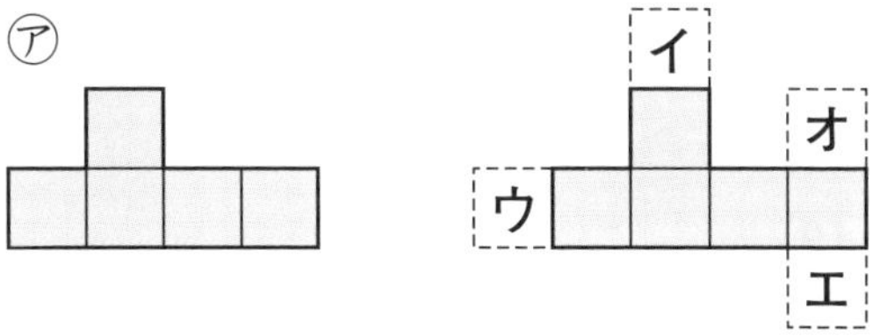

〔　　　　　　　〕

4 右のような直方体があります。Aの点をもとにして，Gの点の位置を(横，たて，高さ)の長さの組で表すと，(7 m，4 m，3 m)です。Bの点をもとにして，Hの点の位置を表すと，(7 m，4 m，3 m)です。

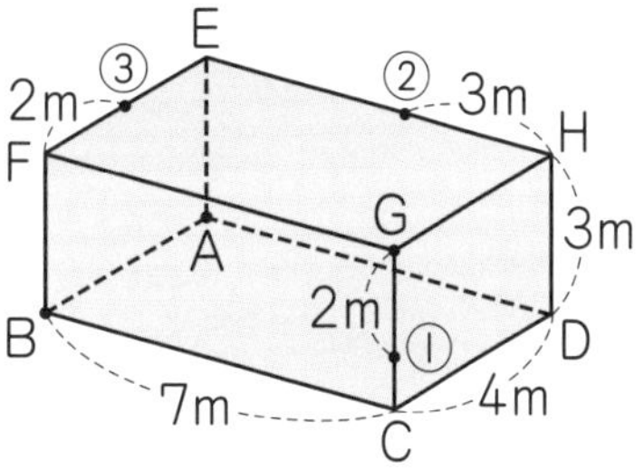

（30点/1つ5点）

(1) Aの点をもとにして，①，②，③の点の位置を表しなさい。

①〔　　　　　　〕 ②〔　　　　　　〕 ③〔　　　　　　〕

(2) Bの点をもとにして，①，②，③の点の位置を表しなさい。

①〔　　　　　　〕 ②〔　　　　　　〕 ③〔　　　　　　〕

5 図のように立方体を積《つ》み重ねました。
点Aをもとにして，点Bの位置を(2，0，1)のように，(横，たて，高さ)と表します。
このとき，点C，点D，点E，点Fの位置をそれぞれ表しなさい。（20点/1つ5点）

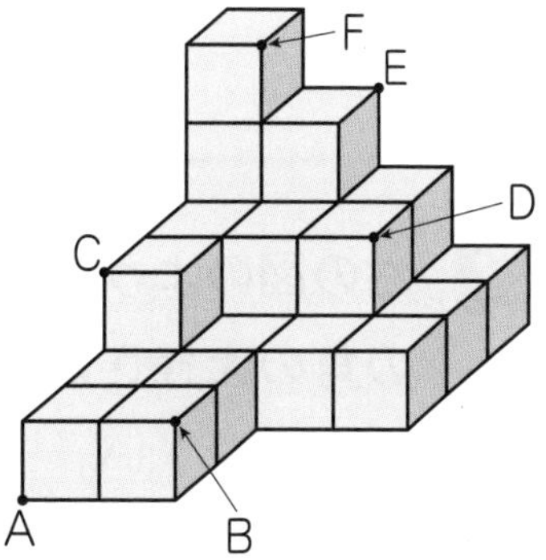

点C〔　　　　　　〕 点D〔　　　　　　〕

点E〔　　　　　　〕 点F〔　　　　　　〕

1 次の㋐，㋑，㋒の角は何度ですか。分度器《ぶんどき》を使わないで求《もと》めなさい。

(18点/1つ3点)

(1)

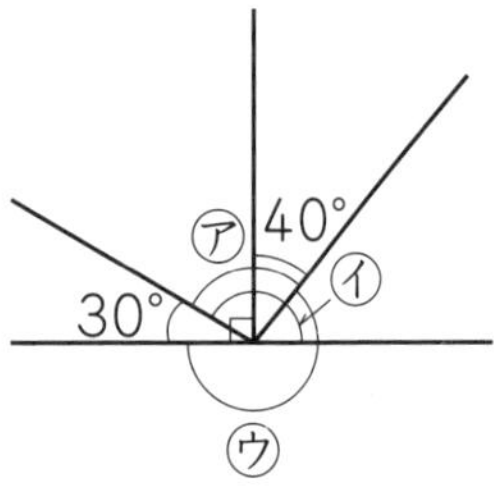

㋐〔　　〕

㋑〔　　〕

㋒〔　　〕

(2)

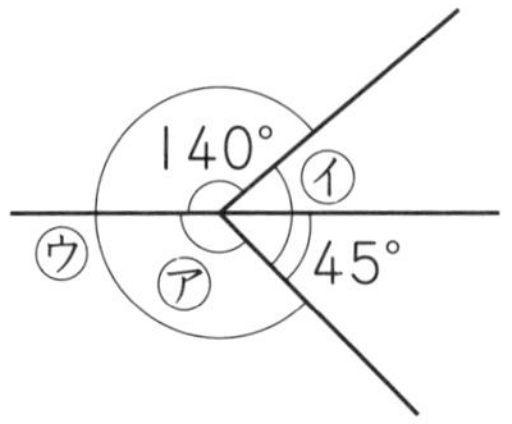

㋐〔　　〕

㋑〔　　〕

㋒〔　　〕

2 右の図の直線①と直線②，直線③と直線④は，それぞれ平行です。分度器を使わないで，㋐，㋑の角の大きさを求めなさい。(12点/1つ6点)

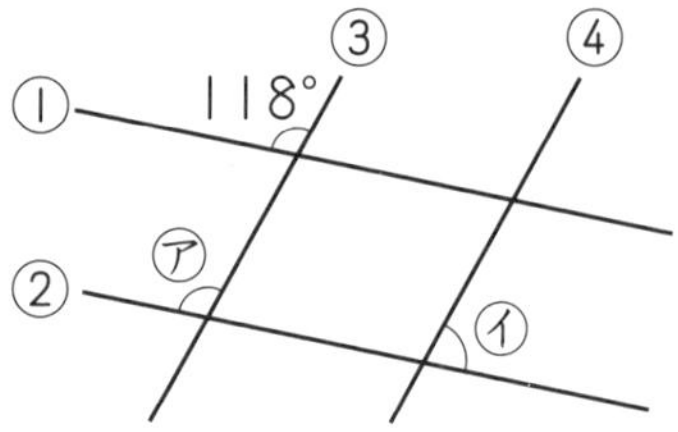

㋐〔　　〕　㋑〔　　〕

重要 **3** 右の図のように，長方形の紙を折《お》ると，㋐と㋑の角の大きさは何度ですか。分度器を使わないで求めなさい。(12点/1つ6点)

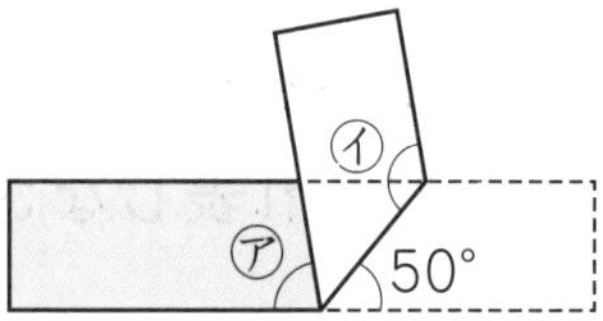

㋐〔　　〕　㋑〔　　〕

4 右の立方体のてん開図について，次の問いに答えなさい。(24点/1つ8点)

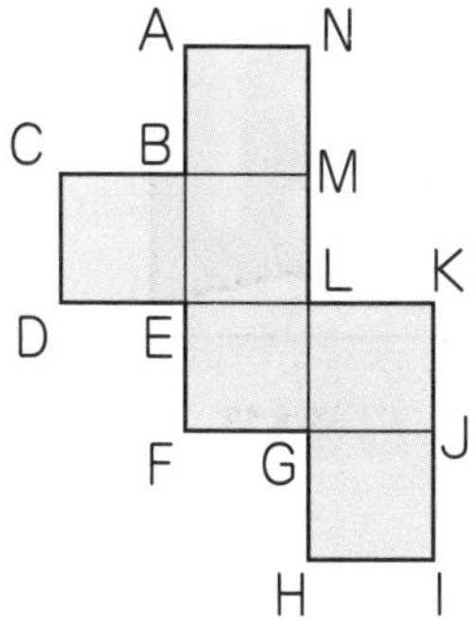

(1) Aの点と重なる点はどれですか。

〔　　　　〕

(2) NMの辺と重なる辺はどれですか。

〔　　　　〕

(3) ABの長さが3cmのとき，このてん開図の面積《めんせき》は何cm^2ですか。

〔　　　　〕

5 次の色のついたところの面積を求めなさい。(16点/1つ8点)

(1)

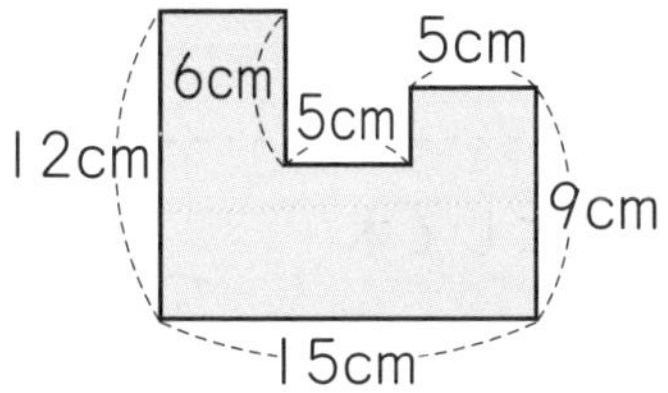

(2)

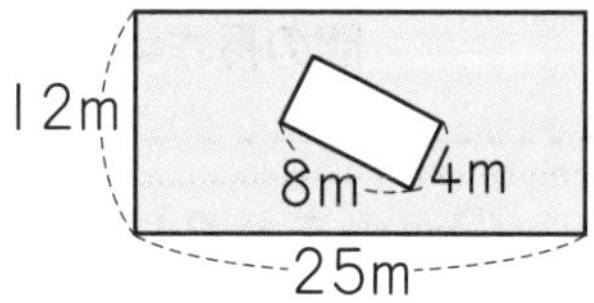

〔　　　　〕　〔　　　　〕

重要 **6** 右の図は，1辺《へん》が10cmの正方形の紙を3まい重ねてできたもようです。この形について，次の問いに答えなさい。(18点/1つ6点)

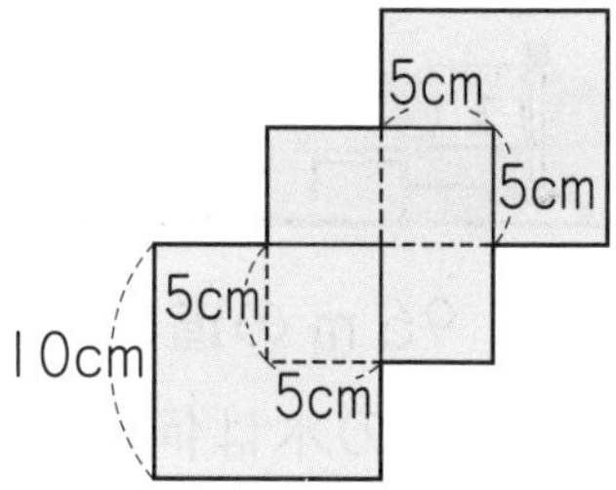

(1) このもようのまわりの長さは，何cmになりますか。

〔　　　　〕

(2) このもようの外側《そとがわ》の線でかこまれた面積は，何cm^2ですか。

〔　　　　〕

(3) 2まいの紙の重なるところが，1辺が3cmの正方形になるとき，もようのまわりの長さは何cmですか。

〔　　　　〕

答え ➡ 別さつ24ページ

21 植木算

要点のまとめ

❶ 植木算

✓木と木の間を同じ長さにして木を植えるとき，「木の数」と「両はしの長さ」と「間の長さ」の関係《かんけい》を考える問題を**植木算**といいます。

例 木を５本まっすぐな道路に植えるとき，

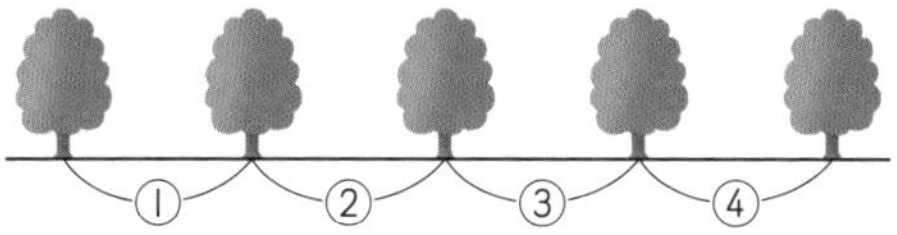

木と木の「間の数」は４

間の数=木の数−1 だから，**木の数=間の数+1**

両はしの長さ=間の長さ×間の数 だから，

間の長さ=両はしの長さ÷間の数

❷ 池のまわりの植木算

✓池のまわりに，木と木の間を同じ長さにして木を植えるとき，

木の数=間の数

1周《しゅう》の長さ=間の長さ×間の数

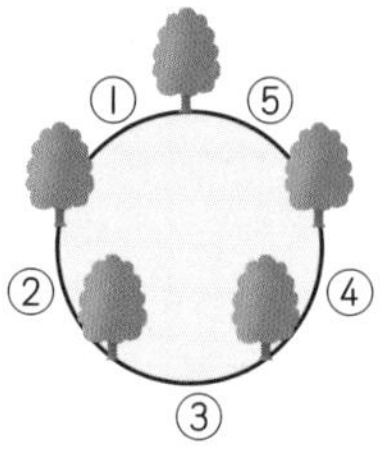

ステップ1

重要 **1** 96 m の道に，木と木の間を 8 m にしてさくらの木を植えます。さくらの木は何本いりますか。

〔　　　　　　〕

2 78 m の道に，木と木の間の長さを同じにして木を植えたら，木は全部で 14 本になりました。木と木の間は何 m ですか。

〔　　　　　　〕

3 112 m の道路に，7 m ずつはなしてコーンを置《お》きました。全部で何本のコーンを置きましたか。

〔　　　　　　〕

4 電柱と電柱の間が 52 m あります。この電柱と電柱の間に同じ長さずつはなれて 12 人の人が立つことになりました。何 m ずつはなれて立てばよいですか。

〔　　　　　　〕

重要 **5** 池のまわりの長さは 300 m です。この池のまわりに，木と木の間を 12 m にして，ポプラの木を植えていきます。
ポプラの木は何本用意すればいいですか。

〔　　　　　　〕

6 池のまわりに，ポプラの木を，木と木の間を 8 m にして植えました。木は 32 本植えられました。この池のまわりの長さは何 m ですか。

〔　　　　　　〕

かくにんしよう

植木算では，木の数=間の数+1 という式がなりたちます。
ただし，両はしに木を植えないときには，木の本数が 2 本へるから，
木の本数=間の数−1 という式になります。
どちらの場合も，絵にかくなどして様子をつかむことがたいせつです。

月　日　答え ➡ 別さつ25ページ

ステップ 2

時間 35分　合かく 80点　とく点　点

1 公園に 200 m の道とまわりが 360 m の池があります。(20点/1つ10点)

(1) 道に，8 m おきにポプラの木を植えます。何本の木がいりますか。

(2) 池のまわりに 15 m おきにさくらの木を植えます。何本の木がいりますか。

重要 **2** 128 m の道路に，8 m おきに木を植えます。さらに，木と木の間に 2 m おきに花を植えます。(20点/1つ10点)

(1) 木は何本必要《ひつよう》ですか。

(2) 花は何本必要ですか。

3 288 cm のロープがあります。このロープを 32 cm ずつに切り分けるとき，切る場所は何か所ありますか。(10点)

4 336 m の道路の始めから終わりまで，同じ長さずつはなれて電柱が8本立っています。さらに，電柱と電柱の間には，8 m おきに人が立つことになりました。(20点/1つ10点)

(1) 電柱は何 m おきに立っていますか。

〔　　　　　　〕

(2) 電柱と電柱の間に立った人は全部で何人ですか。

〔　　　　　　〕

5 1周《しゅう》735 m の池のまわりに，35 m おきに木が立っています。さらに，木と木の間に，6本ずつの花を等間かくで植えることにしました。

(20点/1つ10点)

(1) この池のまわりの木は全部で何本立っていますか。

〔　　　　　　〕

(2) 花は何 m おきに植えるとよいですか。

〔　　　　　　〕

6 長さ12 m の材木《ざいもく》を150 cm ずつに切ります。1回切るのに，5分かかります。すべて切り終わるまでに何分かかりますか。(10点)

〔　　　　　　〕

22 きまりをみつけてとく問題

要点のまとめ

❶ あるきまりをくり返す問題	✓ならんでいる図形や数字などを見て，何こごとに同じならびをくり返しているのかに注目する。 ✓数が大きく(または小さく)なりながらならんでいくときは，どんなきまりで変化《へんか》しているかに注目します。
❷ こ数をふやしていく問題	✓例《たと》えば，マッチぼうで正方形などをふやしていくときは，１つふえるごとに，マッチぼうがいくつふえているのかに注目します。
❸ 大きな図形をつくる問題	✓例えば，石を正方形の形にならべるときは，１辺《ぺん》の石のこ数と，正方形全体のこ数にどんなきまりがあるのかに注目します。

STEP 1 ステップ 1

重要 **1** ●，▲，■の形を，下のように１列にならべています。

■ ▲ ● ■ ▲ ● ■ ▲ ● ■ ▲ ● ……………………

1　2　3　4　5　6　7　8　9　10　11　12

(1) 13番目には，どんな形がきますか。

〔　　　　　〕

(2) 50番目には，どんな形がきますか。

〔　　　　　〕

2 次のように，数字がならんでいます。

1　5　9　13　17　21　……

(1) このならび方の7こ目の数字は何ですか。

〔　　　　　〕

(2) この数字のならび方のきまりを，かんたんに説明《せつめい》しなさい。

〔　　　　　　　　　　　　　　　　　　〕

重要 **3** 次のように，同じ長さのぼうを使って，正方形の形をつくり，白い石をおいていきます。

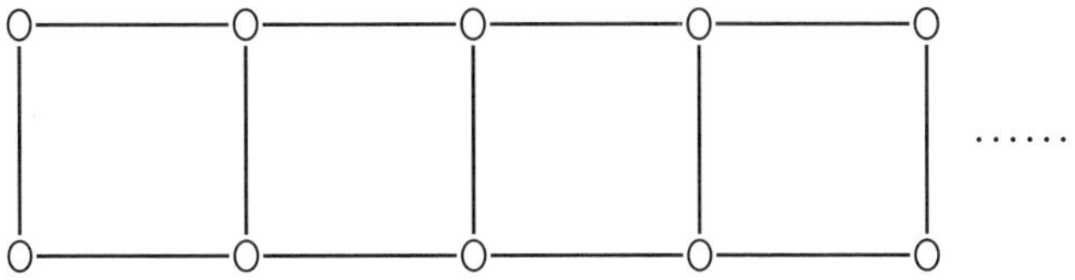

(1) 正方形を 8 こつくったとき，使ったぼうの本数と，白い石のこ数を求《もと》めなさい。

ぼう〔　　　　〕 石〔　　　　〕

(2) 使ったぼうが 34 本のとき，正方形は何こできていますか。

〔　　　　〕

(3) 白い石が 34 このとき，正方形は何こできていますか。

〔　　　　〕

4 右の図のように，ご石を正方形の形にならべます。

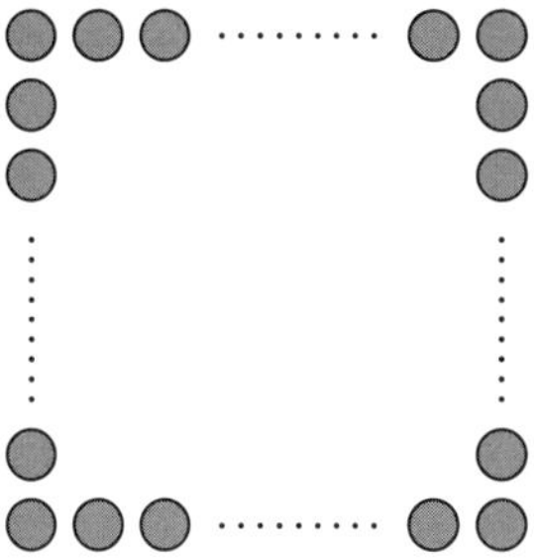

(1) 1 辺に 12 このご石をならべると，ご石は全部で何こになりますか。

〔　　　　〕

(2) ご石を 80 こならべるには，1 辺に何このご石をならべればよいですか。

〔　　　　〕

かくにんしよう

「……」を書かなくても考えられる具体的《ぐたいてき》な場合で，「次はどうなるか」と考えることで，きまりを見つけられることがあります。図形がならび続《つづ》ける問題では，「くり返しのパターン」を見つけることがポイントです。

月　　日　答え ➡ 別さつ26ページ

STEP 2

ステップ 2

時間 35分
合かく 80点
とく点　　点

1 次のように，白いご石と黒いご石を，あるきまりにしたがって左から順《じゅん》にならべます。

● ○ ● ● ○ ● ● ○ ● ● ○ ● ● ……

(1) 左から 35 番目のご石は，白と黒のどちらですか。(8点)

〔　　　　　〕

(2) ご石を全部で 52 こならべました。白いご石と黒いご石はそれぞれ何こありますか。(16点/1つ8点)

白〔　　　　　〕 黒〔　　　　　〕

重要 **2** 次のように，数字がならんでいます。(16点/1つ8点)

5　11　17　23　29　35　……

(1) このならび方の 12 こ目の数字は何ですか。

〔　　　　　〕

(2) 155 はこのならび方の何番目の数字ですか。

〔　　　　　〕

3 右の図のように，竹ひごを，正三角形の形をつくるようにならべていきます。竹ひごを 45 本ならべたとき，正三角形は何こできますか。(10点)

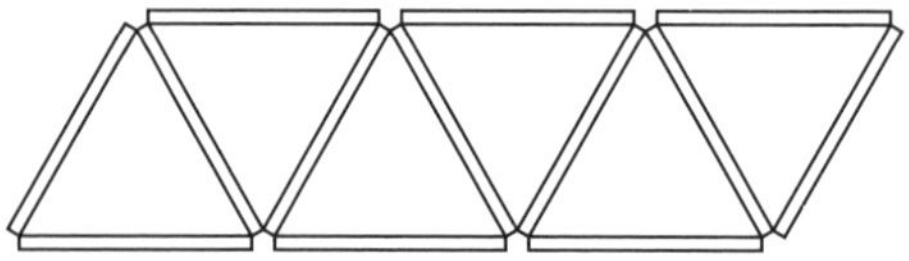

……

〔　　　　　〕

4 右の図のように，ご石を長方形の形にぎっしりとならべます。

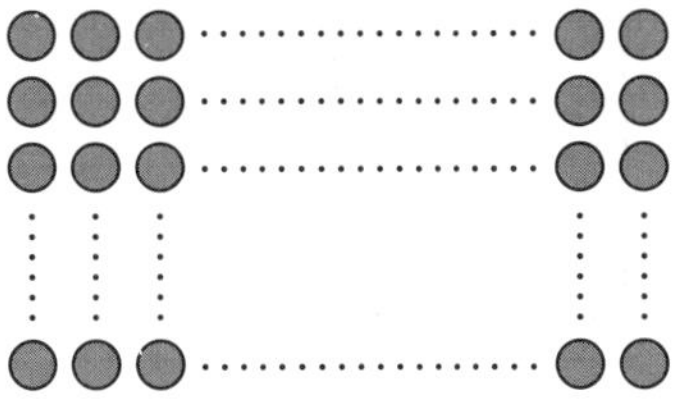

(1) たてに７こ，横に 14 このご石をならべると，ご石は全部で何こになりますか。また，いちばん外側《そとがわ》のご石は何こですか。(16点/1つ8点)

全部［　　　　　　］　いちばん外側［　　　　　　］

(2) たてに９こで，いちばん外側のご石だけ数えると 46 こでした。このとき，ご石は全部で何こありますか。(8点)

［　　　　　　］

5 右のように，同じ長さのぼうを使って正三角形をつくり，白い石を置《お》いていきます。図は，上から３だん目まですべてならべたところです。

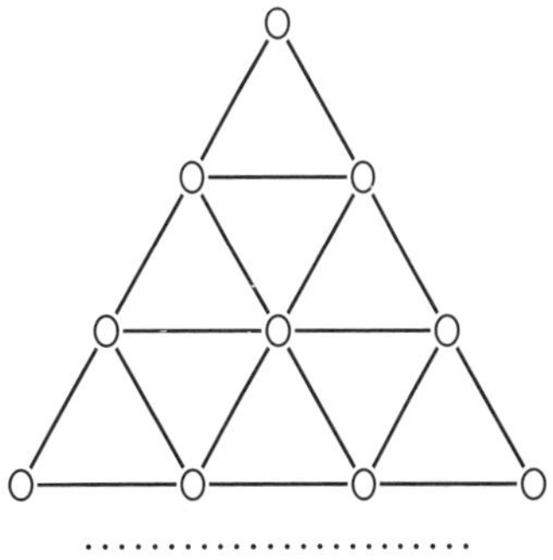

(1) 上から４だん目まですべてならべたときぼうは，何本ですか。また，白い石は何こですか。(16点/1つ8点)

ぼう［　　　　　　］　石［　　　　　　］

(2) 上から何だん目まですべてならべると，ぼうが 108 本になりますか。求《もと》め方も書きなさい。(10点)

(求め方)

［　　　　　　］

23 つるかめ算

要点のまとめ

① つるかめ算

「つるとかめの合計」と，「つるとかめの足の本数の合計」がわかっているときに，つるとかめの数を求《もと》めるような問題を**つるかめ算**といいます。

例　つるとかめがあわせて 10 ぴきいて，足の数の合計が 30 本の場合は次《つぎ》のように求めます。
10 ぴき全部つるだとすると，足の合計は，2×10=20（本）
下の表のように，かめの数を 1 ずつふやすと，
足の合計は 4−2=2（本）ずつふえていきます。

つるの数	10	9	8	7
かめの数	0	1	2	3
足の合計	20	22	24	26

+2　+2　+2

実さいの足の合計は 30 本なので，かめの数は，
(30−20)÷2=5（ひき）
つるの数は，10−5=5（わ）

ステップ 1

1　1 こ 50 円のクッキーと 1 こ 80 円のクッキーをあわせて 16 こ買ったら，代金は 950 円でした。

(1) 50 円のクッキーは何こ買いましたか。

〔　　　　　〕

(2) 80 円のクッキーは何こ買いましたか。

〔　　　　　〕

2 はるこさんは，5円玉と10円玉をあわせて32まい持っています。数えると，合計250円でした。10円玉は，何まい持っていますか。

〔　　　　　〕

重要 **3** 1さつ100円のノートと1さつ120円のノートをあわせて15さつ買うと，1640円でした。1さつ100円のノートは何さつ買いましたか。 〔西南女学院中〕

〔　　　　　〕

4 1本110円の350 mL入りのジュースと，1本140円の500 mL入りのジュースがあります。2種類《しゅるい》のジュースをあわせて9本買ったら合計金額《きんがく》は1080円でした。1本140円のジュースを何本買いましたか。 〔賢明女子学院中〕

〔　　　　　〕

5 1さつ80円のノートと1さつ150円のノートをあわせて14さつ買ったところ，代金の合計が1470円になりました。80円のノートと150円のノートをそれぞれ何さつ買いましたか。 〔大阪産業大附中〕

80円のノート〔　　　　　〕 150円のノート〔　　　　　〕

かくにんしよう

つるかめ算は，まずどちらか一方の数量《すうりょう》にそろえた場合を考えます。次に，もう一方の数量を1ずつふやしていくと，どのようなきまりがあるかを見つけて，答えを求めます。

月　　日 答え ➡別さつ27ページ

ステップ 2

時間 35分
合かく 80点

とく点　　　点

1 3人がけのいすと4人がけのいすが，あわせて 38 きゃくあります。これらのいすに，142 人の子どもが，席《せき》があまることなく，きっちりすわれました。3人がけのいすは何きゃくありますか。(10点)

〔　　　　　〕

重要 **2** コインを投げて表が出たら5点がはいり，うらが出たら2点がはいるゲームをします。ゲームのとく点は0点から始めるものとします。

(20点/1つ10点)

(1) 20 回したら，とく点が 76 点になりました。表が出た回数を求《もと》めなさい。

〔　　　　　〕

(2) 60 回したら，とく点が 183 点になりました。表が出た回数を求めなさい。

〔　　　　　〕

3 ある小学校の6年生 87 人が小テストを受けました。1番は3点，2番は2点の2問あり，全員が少なくとも1問はとけました。また，全員の合計とく点は 314 点で，2番だけが正かいのものは 13 人いました。1番だけが正かいのものは何人いましたか。(12点)　〔甲南中〕

〔　　　　　〕

4 最初《さいしょ》に 100 点持っています。ジャンケンをして，勝てば 13 点ふえ，負ければ5点へります。ただし，あいこはないものとします。

（20 点/1つ 10 点）〔帝塚山学院中〕

(1) 5回ジャンケンをして3回勝つと，何点になりますか。

〔　　　　　〕

(2) 20 回ジャンケンをしたら，252 点になりました。何回勝ちましたか。

〔　　　　　〕

5 長いすのある部屋に 180 人全員がすわります。（20 点/1つ 10 点）

(1) 6人すわった長いすと 13 人すわった長いすがあわせて 23 きゃくになったとき，6人すわった長いすは何きゃくになりますか。

〔　　　　　〕

(2) 5人すわった長いすと7人すわった長いすと9人すわった長いすがあわせて 28 きゃくになりました。さらに，5人すわった長いすと7人すわった長いすの数が同じとき，5人すわった長いすは何きゃくですか。

〔　　　　　〕

6 40 円，70 円，110 円の3種類《しゅるい》のカードがあわせて 35 まいある。合計のカード代が 2800 円で，70 円のカードが 40 円のカードの2倍のまい数であるとき，それぞれのカードのまい数を求めなさい。

（18 点/1つ6点）

40 円〔　　　　　〕　70 円〔　　　　　〕　110 円〔　　　　　〕

24 過《か》不《ふ》足《そく》算

要点のまとめ

❶ 過《か》不《ふ》足《そく》算

✓あるこ数のものを何人かに分けたりするとき，あまりや不足のしかたに目をつけて，こ数や人数を求《もと》める問題を**過不足算**といいます。

✓**差《さ》の集まり÷１人分の差＝人数** を使います。

例　全員に５こずつ配ると10こあまり，８こずつ配ると14こ不足する場合は次《つぎ》のように求めます。
→差の集まり…10+14=24（こ），１人分の差…8−5=3（こ）
人数は，24÷3=8（人）

ステップ１

重要 **1** いくつかのあめを子どもに分けます。１人３こずつ分けると６こあまり，１人５こずつ分けると10こ不足します。

(1) 子どもは何人いますか。

(2) あめは何こありますか。

2 子どもたちにあめ玉を１人に４こずつ配ろうとすると14こ不足し，２こずつ配るとちょうど配ることができました。子どもは何人いますか。

重要 **3** 何人かの子どもにみかんを配ります。1人に17こずつ配ると15こあまり，1人に19こずつ配ると3こあまります。子どもは何人ですか。

〔実践女子学園中〕

〔　　　　　　　〕

4 おり紙を何人かの子どもに分けるのに，1人に5まいずつ配ろうとしたところ，8まい不足することがわかったので，1人に4まいずつ配ったら，10まいあまりました。はじめにおり紙は何まいありましたか。

〔奈良教育大附中〕

〔　　　　　　　〕

5 金貨《きんか》が□まいあります。1人に5まいずつ分けるとちょうど分けられ，1人に3まいずつ分けると36まいあまります。□を求《もと》めなさい。

〔帝塚山学院中〕

〔　　　　　　　〕

6 子どもたちにあめ玉を1人5こずつ配ると17こ不足するから，3こずつ配ってみたら，それでも1こ不足しました。子どもは何人いますか。また，あめ玉は全部で何こありますか。

子どもの人数〔　　　　　　　〕　あめ玉〔　　　　　　　〕

かくにんしよう

2つの方法について「あまる」「不足する」のようなことがわかったときは，ちがいの合計(差の集まり)を正しく求めることがポイントです。
わかりにくいときには，図をかくなどして，意味を理かいしましょう。

月　　日　答え ➡別さつ28ページ

STEP 2 ステップ 2

時間 35分　合かく 80点　とく点　　点

1 ひろしさんは，おこづかいを持ってカードを買おうとしています。90円のカードを，あるまい数買うと150円あまります。同じまい数の110円のカードを買うと30円不足《ふそく》してしまいます。ひろしさんは何まいのカードを買おうとしていますか。また，ひろしさんが持っているおこづかいは何円ですか。(16点/1つ8点)

カードのまい数〔　　　　〕　おこづかい〔　　　　〕

2 何本かのえん筆を配るのに，6本ずつ配ると1人分足りませんでした。そこで，5本ずつ配るとみんなに，ちょうど配ることができました。何人に配りましたか。(10点)　〔大阪教育大附属平野中〕

〔　　　　〕

重要 **3** ある小学校の6年生の子どもが，教室にある長いすに6人ずつすわると5人がすわれません。7人ずつすわると全員がすわれ，席《せき》が1人分あまります。6年生の子どもの数を求《もと》めなさい。(10点)　〔愛知淑徳中〕

〔　　　　〕

4 あるクラスの児童《じどう》が，長いすに4人ずつすわると2人がすわれなくなり，長いすに6人ずつすわっていくと，ちょうど3きゃくがあまりました。長いすは全部で何きゃくありますか。また，このクラスの児童は何人ですか。(16点/1つ8点)

長いす〔　　　　〕　児童の人数〔　　　　〕

5 みかんをふくろに5こずつ入れていくと9このみかんがあまり，8こずつ入れていくと，最後《さいご》のふくろにはみかんが2こだけはいってふくろはあまりませんでした。ふくろは何まいありますか。また，みかんは何こありますか。(16点/1つ8点)

ふくろ〔　　　　　〕 みかん〔　　　　　〕

6 クッキーを，お楽しみ会に参加《さんか》する子どもたちに1人3こずつ配ると15こあまる予定でした。お楽しみ会当日は4人休んだので，1人5こずつ配っていくと，クッキーが3こ足りなくなってしまいました。何人の子どもがお楽しみ会に参加する予定でしたか。また，クッキーは全部で何こありましたか。(16点/1つ8点)

子どもの人数〔　　　　　〕 クッキー〔　　　　　〕

7 ひとみさんはお母さんからお金をあずかり，320円のおかしを，あるこ数だけ買うようにたのまれました。60円あまる予定でした。ところが，店に行ってみるとそのおかしは390円で売られていたので，たのまれたこ数よりも3つだけ少ないこ数だけ買って，40円あまりました。(16点/1つ8点)

(1) ひとみさんはお母さんに，何このおかしを買うようにたのまれましたか。

〔　　　　　〕

(2) お母さんからあずかったお金は何円ですか。

〔　　　　　〕

25 年れい算

要点のまとめ

❶ 年れい算

✓親子の年れいのように，差《さ》が一定で変化しない関係《かんけい》に目をつけて，その差と割合《わりあい》から，年数などを求《もと》める問題を**年れい算**といいます。

例 今，母の年れいは32才で，子どもの年れいは5才です。母の年れいが子どもの年れいの4倍になるのは何年後ですか。

年れいの差は変わらないので，4倍になる□年後は右の図のようになります。母と子どもの年れいの差は，32−5=27（才）で，これは子どもの年れいの4−1=3（倍）です。したがって，□年後の子どもの年れいは，27÷3=9（才）なので，9−5=4（年後）

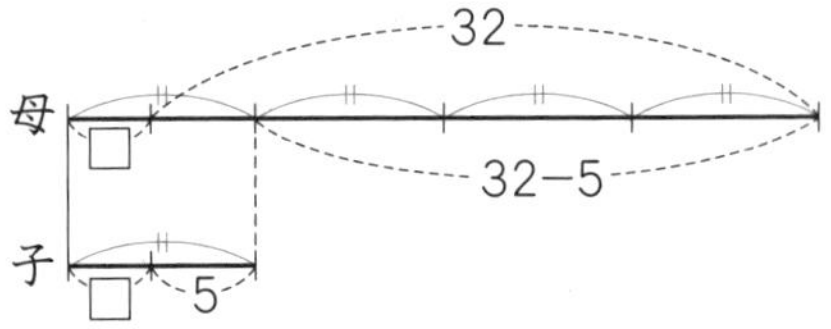

ステップ 1

1 今，お母さんの年れいは32才で，子どもの年れいは4才です。お母さんの年れいが子どもの年れいの3倍になるのは今から何年後ですか。

〔　　　　〕

重要 **2** 今，お父さんの年れいは40才で，子どもの年れいは12才です。

(1) お父さんの年れいが子どもの年れいの2倍になるのは今から何年後ですか。

〔　　　　〕

(2) お父さんの年れいが子どもの年れいの5倍だったのは今から何年前ですか。

〔　　　　〕

3 今，母の年れいは 40 才，子どもの年れいは 8 才です。母の年れいが子どもの年れいの 3 倍になるのは，子どもが何才のときですか。

〔　　　　　〕

4 今，お父さんの年れいは 52 才で，子どもの年れいは 17 才です。お父さんの年れいが子どもの年れいの 8 倍だったのは今から何年前ですか。

〔　　　　　〕

5 姉は 900 円，妹は 500 円持っています。明日から，2 人とも毎日 100 円ずつ使っていくとすると，姉のお金が妹のお金の 3 倍になるのは何日後ですか。

〔　　　　　〕

6 今，やすこさんは 12 才，姉は 15 才，母は 45 才です。やすこさんと，姉の年れいをたすと，母の年れいと等しくなるのは何年後ですか。

〔安田女子中〕

〔　　　　　〕

かくにんしよう

年れい算では，線分図をかくと考えやすくなります。
□年後であれば，「□+子どもの年れい」と「親と子どもの年れいの差」をくらべることがたいせつです。

月　日　答え ➡ 別さつ30ページ

ステップ2

時間 35分　合かく 80点　とく点　点

重要 **1** 今，お父さんの年れいは 42 才，わたしの年れいは 11 才で妹は 4 才年下です。私と妹の年れいの和がお父さんの年れいと等しくなるのは何年後ですか。（10 点）

[　　　　]

2 今，父と子の年れいの和は 60 才です。今からちょうど 5 年前には，父の年れいは子の年れいの 4 倍でした。今，子の年れいは何才ですか。（10 点）

[　　　　]

重要 **3** 今，父の年れいは 38 才で，子どもの年れいは 12 才です。父の年れいが子どもの年れいの 2 倍より 6 才多くなるのは，今から何年後ですか。（10 点）

[　　　　]

4 今，父は 36 才，母は 38 才で，2 人の子どもは 10 才と 8 才です。父と母の年れいの和が，2 人の子どもの年れいの和の 8 倍だったのは，今から何年前ですか。（10 点）

[　　　　]

5 Aは6000円，Bは4000円持っていましたが，2人とも同じ金がくの品物を買ったので，Aの持っているお金はBの持っているお金の3倍より400円少なくなりました。Aは，今，何円持っていることになりますか。(10点)

6 今，Aさんと3才ちがいの弟の年れいの和の2倍はお父さんの年れいになり，21年後にはその和がお父さんの年れいと同じになるといいます。今の弟の年れいは何才ですか。(15点)　〔岡山白陵中〕

7 お兄さんはわたしよりも3才年上で，今，わたしとお兄さんの年れいの和は29才で，お母さんの年れいは42才です。(20点/1つ10点)

(1) 今のわたしの年れいは何才ですか。

(2) お母さんの年れいが，わたしとお兄さんの年れいの和の3倍だったのは何年前ですか。

8 4年前，2人の子どもの年れいの合計の3倍が，母の年れいと同じでした。今，母の年れいは2人の子どもの年れいの合計の2倍です。今から□年後に，母の年れいは2人の子どもの年れいの合計と同じになります。□を求《もと》めなさい。(15点)　〔香蘭女学校中〕

STEP 3 21～25

ステップ 3

月　　日　答え ➡別さつ31ページ

時間 35分　合かく 80点　とく点　　点

1 120 m の道にそって，15 m ごとにさくらの木を植えます。また，さくらの木とさくらの木の間に 3 m ごとにやなぎの木を植えます。さくらの木とやなぎの木はそれぞれ何本いりますか。（20点/1つ10点）

さくらの木〔　　　　〕　やなぎの木〔　　　　〕

2 右の図のように，64 このご石をぎっしりならべて1辺《ぺん》が 8 この正方形をつくりました。（20点/1つ10点）

〔大阪産業大附中〕

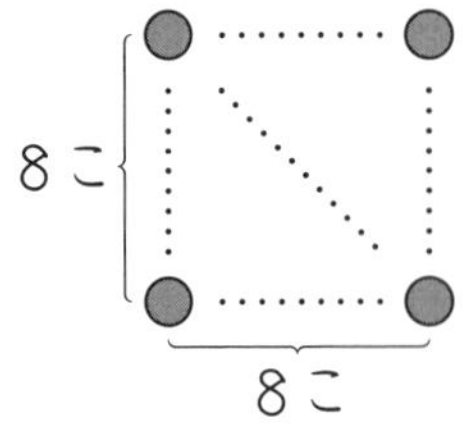

(1) この正方形の外側《そとがわ》から 2 番目の 1 まわりには，何このご石がならんでいますか。

〔　　　　〕

(2) このご石をならべかえて，たて 4 こ，横 16 こにならんだ長方形をつくりました。この長方形のいちばん外側の 1 まわりには，何このご石がならんでいますか。

〔　　　　〕

3 赤いビー玉と青いビー玉がいくつかあり，青いビー玉は赤いビー玉よりも 21 こ多いことはわかっています。親せきの子どもたちが集まったので，青いビー玉を 6 つずつ配ったら 2 つあまりました。赤いビー玉を 3 つずつ配ったら 1 人は 1 つももらえず，1 人は 2 つだけもらえました。子どもは何人集まっていますか。また，赤いビー玉と青いビー玉はそれぞれ何こですか。（15点/1つ5点）

子ども〔　　　〕　赤いビー玉〔　　　〕　青いビー玉〔　　　〕

4 わたしのお父さんはお母さんよりも4才年上で，今，お父さんの年れいとお母さんの年れいの和はおじいさんの年れいと同じで 78 才です。

（20点/1つ10点）

(1) 今のお母さんの年れいは何才ですか。

〔　　　　〕

(2) おじいさんの年れいが，お父さんとお母さんの年れいの和の7倍だったのは今から何年前ですか。

〔　　　　〕

5 ボールペンと消しゴムとノートをあわせて 18 点買ったところ，合計で 2250 円になりました。1つのねだんはボールペンが 280 円，消しゴムが 40 円，ノートが 50 円です。さらに，ノートのさっ数は消しゴムのこ数の3倍でした。このとき，ボールペン，消しゴム，ノートはそれぞれいくつ買いましたか。（15点/1つ5点）

ボールペン〔　　　　〕　消しゴム〔　　　　〕　ノート〔　　　　〕

6 パーティー会場に丸テーブルが大小あわせて 22 こあります。大きいテーブルに8人ずつ，小さいテーブルに6人ずつすわると 28 人すわれないので，大きいテーブルに 12 人ずつ，小さいテーブルに8人ずつすわることにしたら，34 席《せき》あまりました。大きいテーブルは何こありますか。（10点）

〔女子学院中〕

〔　　　　〕

月　日　答え ➡ 別さつ32ページ

そうふく習テスト①

時間 30分
合かく 80点
とく点　　点

1 次の計算をしなさい。(24点/1つ4点)

(1) 1.68+3.02　　(2) 1.4+0.96　　(3) 4.2−1.956

(4) $1\frac{3}{5}+2\frac{4}{5}$　　(5) $3\frac{2}{7}-1\frac{5}{7}$　　(6) $2\frac{4}{9}-1\frac{5}{9}$

2 四捨五入《ししゃごにゅう》して上から1けたのがい数にして，答えを見《み》積《つ》もりなさい。

(16点/1つ4点)

(1) 8645×7291　　(2) 49871×8276

(3) 62976÷2865　　(4) 773901÷2099

3 ジュースが2つのびんに，それぞれ $\frac{4}{5}$ Lと $1\frac{2}{5}$ Lはいっています。

(10点/1つ5点)

(1) 2つのびんのジュースをあわせると，何Lですか。

[　　　　]

(2) 2つのびんのジュースの量《りょう》のちがいは，何Lですか。

[　　　　]

4 次の角度は何度ですか。(12 点/1 つ 4 点)

(1)

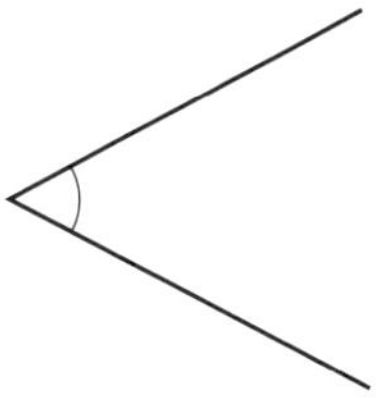

(2)

(3)

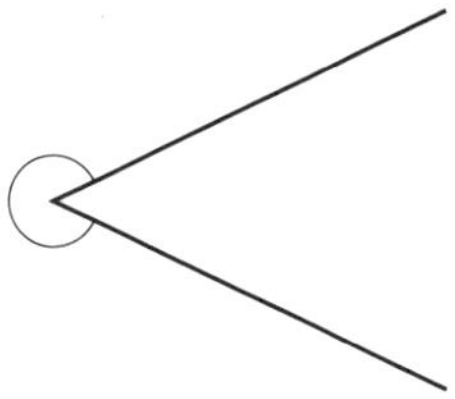

〔　　　　〕　〔　　　　〕　〔　　　　〕

5 次の面積《めんせき》をはかるとき，ふさわしい単位《たんい》を答えなさい。(8 点/1 つ 2 点)

(1) 図書室のゆか

〔　　　　〕

(2) 算数の教科書

〔　　　　〕

(3) 教室の黒板

〔　　　　〕

(4) あなたの住んでいる都道府県《とどうふけん》

〔　　　　〕

6 1 箱 3.4 kg のみかんと，1 箱 1.82 kg のみかんがあります。

(14 点/1 つ 7 点)

(1) 2 つの箱のみかんの重さのちがいは，何 kg ですか。

〔　　　　〕

(2) 1 箱 1.82 kg 入りのみかんを，15 箱つくります。みかんは全部で何 kg いりますか。

〔　　　　〕

7 ある公園の前の，長さ 200 m の真っすぐな道にそって，木を植えます。(16 点/1 つ 8 点)

(1) 8 m おきに植えるとき，木は何本いりますか。

〔　　　　〕

(2) 10 m おきの場合は，木は何本になりますか。

〔　　　　〕

月　日　答え ➡別さつ32ページ

そうふく習テスト②

時間 30分　合かく 80点　とく点　点

1 次の計算をしなさい。わり切れないものは，あまりも出しなさい。

(24点/1つ4点)

(1) 296÷5　(2) 347÷8　(3) 609÷7

(4) 556÷24　(5) 895÷37　(6) 3072÷32

2 次の□にあてはまる数を書きなさい。(18点/1つ3点)

(1) 8000 cm^2＝□ m^2　(2) 3.4 a＝□ m^2

(3) 2.3 m^2＝□ cm^2　(4) 560000 m^2＝□ km^2

(5) 250 a＝□ ha　(6) 1.2 km^2＝□ ha

3 右の図は，立方体のてん開図です。

(10点/1つ5点)

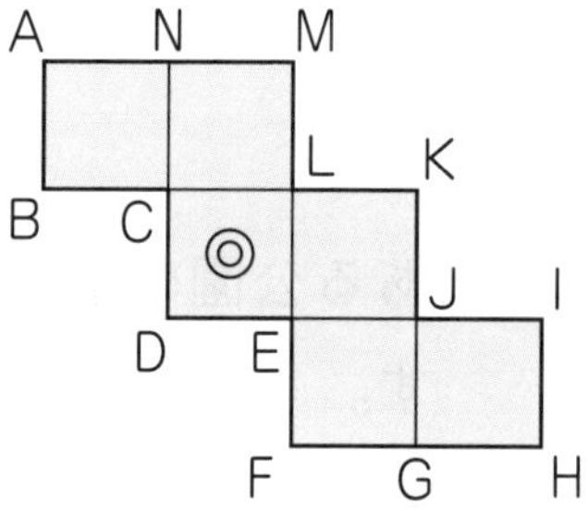

(1) このてん開図を組み立てたとき，◎の面と平行になるのはどの面ですか。その面に○をつけなさい。

(2) このてん開図を組み立てたとき，点Mと同じ頂点《ちょうてん》になる点はどれとどれですか。

[　　　,　　　]

4 次の図形の面積《めんせき》を求《もと》めなさい。（16点/1つ8点）

(1)

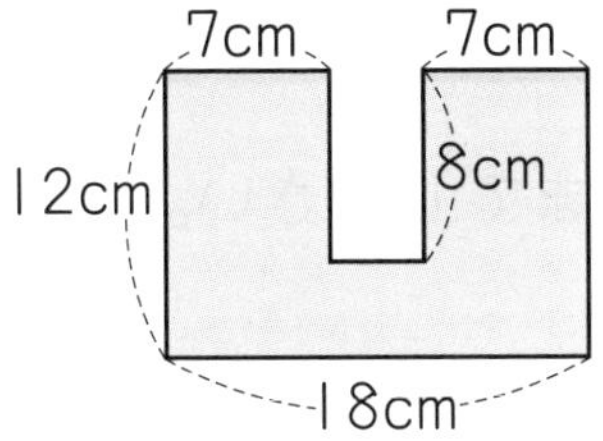

(2)

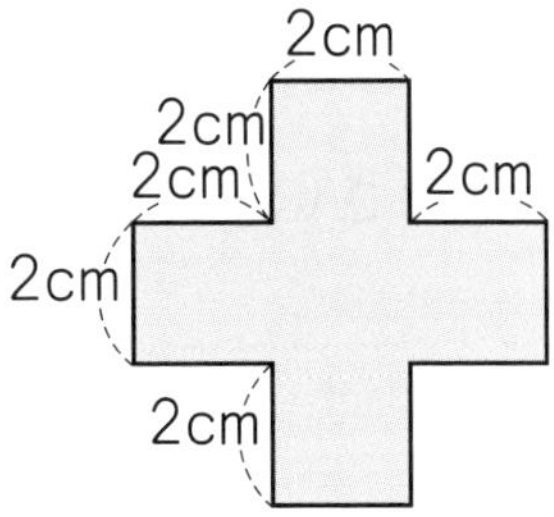

〔　　　　〕　〔　　　　〕

5 1.8 kg のりんごがはいっている箱が，12 箱あります。（10点/1つ5点）

(1) りんごは全部で，何 kg ありますか。

〔　　　　〕

(2) そのりんごを，15 箱に同じ重さになるように分けます。1 箱は何 kg になりますか。

〔　　　　〕

6 一万の位《くらい》を四捨五入《ししゃごにゅう》して 10 万になる数は，整数の中でどんな数からどんな数までですか。（10点）

〔　　　　から　　　　まで〕

7 377 人の子どもが，いすにすわります。（12点/1つ6点）

(1) 4 人がけのいすの場合，いすは何きゃくいりますか。

〔　　　　〕

(2) 3 人がけのいすの場合，いすは何きゃくいりますか。

〔　　　　〕

月　日 答え ➡別さつ33ページ

そうふく習テスト③

時間 30分　合かく 80点　とく点　点

1 次の計算をしなさい。わり算は，わり切れるまでしなさい。

(24点/1つ4点)

(1) 2.9×3　(2) 4.03×7　(3) 0.385×28

(4) 17.8÷8　(5) 216.3÷7　(6) 68.7÷24

2 183706を，次のしかたで一万の位《くらい》のがい数にしなさい。

(12点/1つ4点)

(1) 切り上げ　(2) 切《き》り捨《す》て　(3) 四《し》捨《しゃ》五《ご》入《にゅう》

[　　　]　[　　　]　[　　　]

3 重さ0.8 kgのかごに入れてはかると7.4 kgのいもと，1.8 kgの箱に入れてはかると9.2 kgのいもがあります。(16点/1つ8点)

(1) かごにはいっているいもと，箱にはいっているいもとでは，どちらが何kg重いですか。

[　　　]

(2) 両方のいもを合わせると，何kgになりますか。

[　　　]

4 次の直線をかきなさい。(12点/1つ6点)

(1) ㋐から 2 cm はなれていて，㋐に平行な直線

(2) 点Bを通って，㋑に垂直《すいちょく》な直線

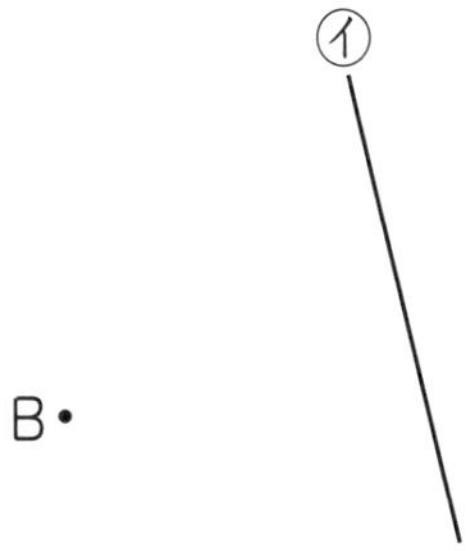

5 たて 8.65 m，横 12 m の長方形の形をした学級園があります。(16点/1つ8点)

(1) 学級園の面積《めんせき》は何 m^2 ですか。

〔　　　　〕

(2) その学級園を 4 つのはんに等しくなるように分けます。1 つのはんの面積は何 m^2 になりますか。

〔　　　　〕

6 750円で，50円切手と 80 切手をあわせて 12 まい買いました。50円切手は何まい買いましたか。(10点)

〔　　　　〕

7 ひし形のカードを，右の図のようにすきまなくならべました。この中にひし形は，全部で何こありますか。(10点)

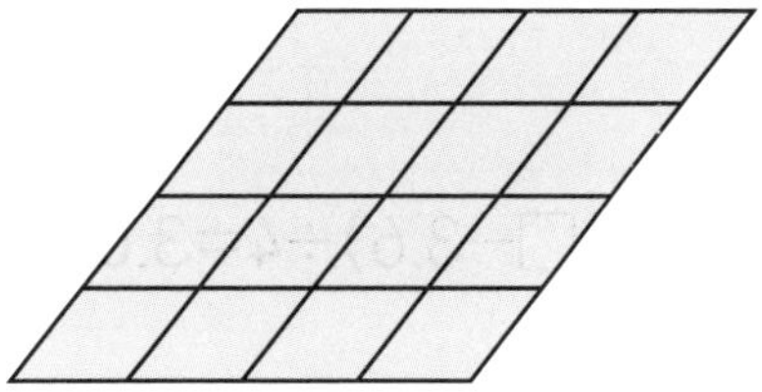

〔　　　　〕

月　日　答え ➡ 別さつ33ページ

そうふくテスト④

時間 40分　合かく 80点　とく点　点

1 次の計算をしなさい。(1)～(3)は，$\frac{1}{10}$ の位《くらい》まで出して，あまりも求《もと》めなさい。(4)～(6)は，四捨五入《ししゃごにゅう》して，小数第２位《い》まで求めなさい。

(12点/1つ2点)

(1) 13.75÷6　　(2) 8.96÷9　　(3) 68.7÷26

(4) 10.9÷3　　(5) 7.289÷7　　(6) 93.95÷42

2 直線①と②が平行のとき，㋐，㋑の角度を求めなさい。(8点/1つ4点)

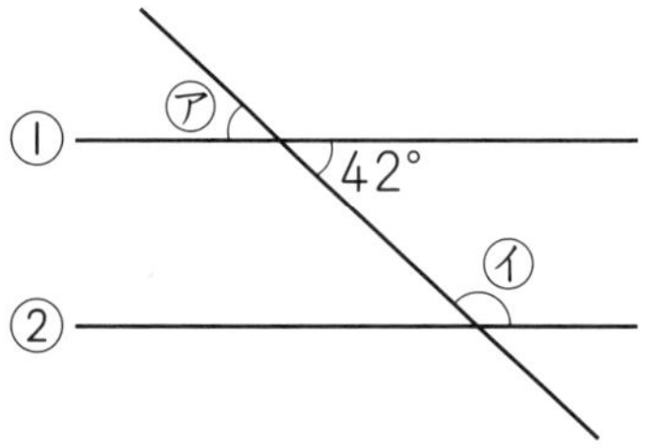

㋐［　　　　］

㋑［　　　　］

3 次の□にあてはまる数を求めなさい。(12点/1つ2点)

(1) 85＋(□－27)＝110　［　　　　］

(2) (29－18)×6＝29×6－18×□　［　　　　］

(3) (5.3－□)×7＝24.5　［　　　　］

(4) (17＋36)×□＝424　［　　　　］

(5) (□－3.6)÷4＝3.6　［　　　　］

(6) (28＋14)÷□＝7　［　　　　］

4 今，わたしは５才で，おばあさんは61才です。おばあさんの年れいが，わたしの年れいの５倍になるのは今から何年後ですか。（10点）

〔　　　　　〕

5 みのるさんの学級は30人います。読書の好《す》ききらいを調べると，次のようになりました。右の表のあいているところに人数を書きなさい。

（10点）

物語の本が好きな人 → 20人
物語の本がきらいな人 → 10人
科学の本が好きな人 → 18人
科学の本がきらいな人 → 12人
両方ともきらいな人 → 4人

物語の本 ＼ 科学の本	好　き	きらい	計
好　き			
きらい			
計			

（人）

6 右下のグラフは，よしおさんが，10月５日の１時間ごとの気温の変《か》わり方を調べたものです。（16点/１つ４点）

(1) 10時の気温は何度ですか。

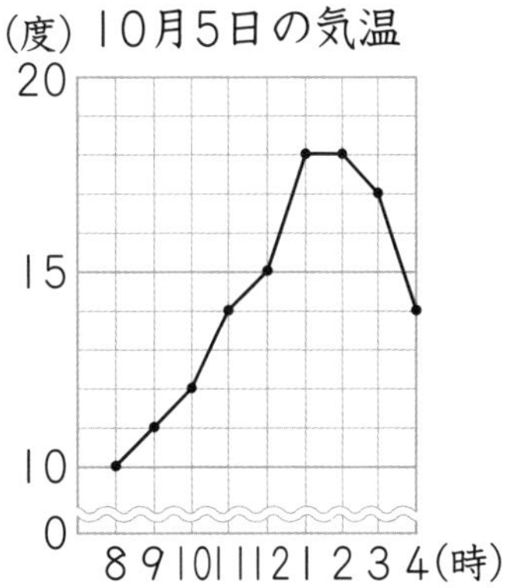

〔　　　　　〕

(2) 気温の上がり方がいちばん大きいのは，何時から何時の間ですか。

〔　　　　　〕

(3) 気温の下がり方がいちばん大きいのは，何時から何時の間ですか。

〔　　　　　〕

(4) 気温が変わらないのは，何時から何時の間ですか。

〔　　　　　〕

7 次の図形の色のついたところの面積《めんせき》を求《もと》めなさい。（10点/1つ5点）

(1)

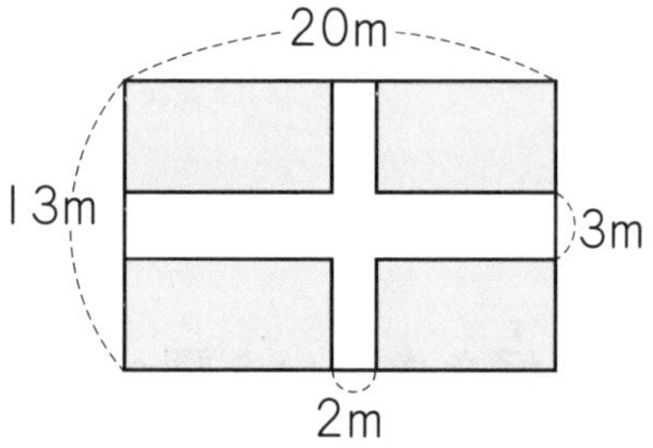

(2)

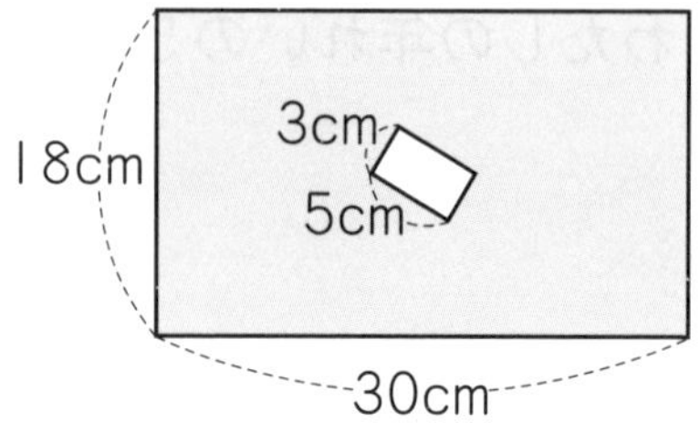

〔　　　　　　〕　　〔　　　　　　〕

8 同じ点を中心とする，大小の円にかかれた２本の直線を対角線と考えたとき，できる四角形の名まえを書きなさい。（12点/1つ4点）

(1)

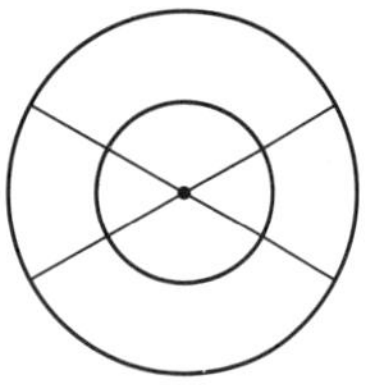

(2)

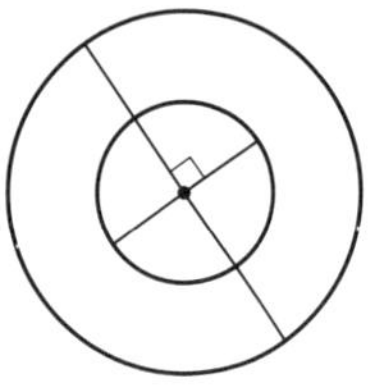

(3)

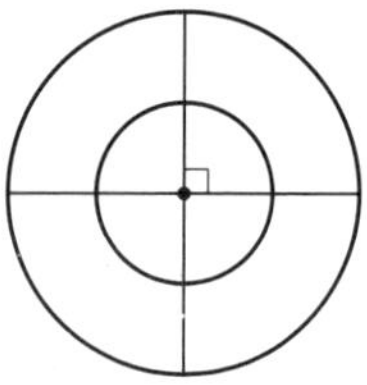

〔　　　　　　〕　〔　　　　　　〕　〔　　　　　　〕

9 同じ長さのストローを，右の図のように，正方形の形にならべていきます。（10点/1つ5点）

(1) 正方形を 10 こつくるには，何本のストローがいりますか。

〔　　　　　　〕

(2) ストロー 70 本では，何この正方形がつくれますか。

〔　　　　　　〕

ひっぱると，はずして使えます。

小4

標準問題集

算数

答え

答え

小4 標準問題集
算数

3年のふく習 ①　2～3ページ

1 (1)1023　(2)479　(3)6200　(4)3833

2 (1)2516　(2)1537　(3)34732
(4)19320

3 (1)5　(2)7　(3)3 あまり 6　(4)8 あまり 4
(5)32　(6)8 あまり 2

4 (1)4.1　(2)5.6　(3)2.5　(4)1.7　(5)$\frac{4}{5}$
(6)1　(7)$\frac{3}{4}$　(8)$\frac{5}{9}$

5 (1)5，600　(2)3500　(3)1000
(4)1000　(5)5286　(6)2050　(7)24
(8)3.2　(9)150　(10)1，46

6 (1)＜　(2)＞　(3)＞　(4)＜　(5)＜　(6)＞

7 (1)6 時間 30 分
(2)5 分 50 秒

とき方

2

(1)
```
   68
 ×37
  476
 204
 2516
```

(2)
```
   29
 ×53
   87
 145
 1537
```

(3)
```
   457
 ×  76
  2742
 3199
 34732
```

ここに注意　かけ算の筆算は，位《くらい》に注意することがたいせつです。たとえば，(1)で 68×3 は 68×30 の計算をしていることになります。

4 小数のたし算・ひき算の筆算は，小数点をそろえます。小数点以下《いか》のけた数がちがうときは，0 を書いてそろえます。

(2)
```
  5.0
 +0.6
  5.6
```

(4)
```
  8.0
 -6.3
  1.7
```

5 1 kg=1000 g，1 t=1000 kg，1 km=1000 m，1 L=10 dL，1 分=60 秒 です。

6 (1)2 kg 50 g=2050 g です。

ここに注意　大きさをくらべるときには，どちらかの単位《たんい》にそろえると，正しくくらべられます。

7 (1)40 分+50 分=90 分=1時間 30 分

ここに注意　60 秒=1 分，60 分=1 時間になります。くり上がりやくり下がりに注意します。

3年のふく習 ②　4～5ページ

1 (1)伝記《でんき》，物語，事典《じてん》，図かん
(2)4 倍　(3)77 人

2 ㋐1　㋑3　㋒2　㋓1　㋔1　㋕3
㋖10　㋗51

3

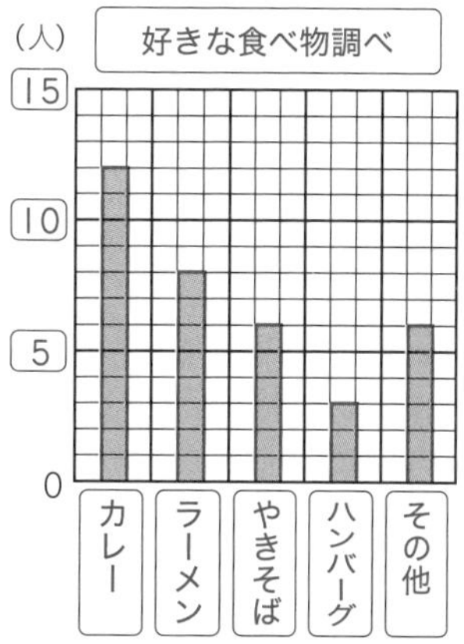

4 (1)5 台　(2)乗用車　(3)15 台　(4)2 倍

とき方

1 (2)(伝記が好き)=(図かんが好き)×□ だから，
36=9×□ です。
□=36÷9=4 (倍)

2 学年ごとの合計がわかっているから，㋐は，
9−4−2−2=1 (人)

3 いちばん多いカレーが 12 人だから，1 目もりを 1 人分とすると，見やすいグラフになります。

ここに注意　ぼうグラフをかくときには，「題名」「単位《たんい》」「0」を書きわすれることが多いです。注意しましょう。

4 (4)(バイク)=(バス)×□ だから，20=10×□ です。
□=20÷10=2 (倍)

3年のふく習 ③　6~7ページ

1 (1)直径《ちょっけい》　(2)2　(3)辺《へん》, 角　(4)円　(5)円
2 エ, オ
3 ア, エ
4 (1)13 こ　(2)3 通り
5 30 cm
6 (1)6 cm　(2)6 こ

とき方

1 (2)直径=半径×2

2 二等辺三角形は, 2 つの辺の長さが等しい三角形です。

3 正三角形は, 3 つの辺の長さがすべて等しい三角形です。

4 (1)正三角形の大きさは, いちばん小さいものからいちばん大きいものまで, 3 種類あります。合計すると,
9+3+1=13 (こ)
(2)各頂点《かくちょうてん》の角を半分になるように折《お》ります。

5 AからBまでは, 半径が 5 つ分あります。
6×5=30 (cm)

6 (1)18 cm の長さの中に, ボールの直径は 3 つ分あります。
18÷3=6 (cm)
(2)40÷6=6 あまり 4 です。あまりの 4 cm の部分に, ボールは問題の図のように完全《かんぜん》には入りません。

3年のふく習 ④　8~9ページ

1 (1)4 時 35 分　(2)7 時 5 分
2 (1)図書館のほうが 1 km 800 m 近い。
(2)5 km 200 m
3 1 kg 850 g
4 (1)8.5 dL　(2)牛にゅうが 2.9 dL 多い。
5 9 本ずつ分けられて, 7 本残《のこ》る。
6 4995 円
7 $\frac{4}{7}$ m

とき方

1 (1)6 時 20 分−1 時間 45 分=4 時 35 分
6 時 20 分=5 時 80 分 として計算します。
(2)6 時 20 分+45 分=6 時 65 分=7 時 5 分

2 (1)3 km 500 m−1 km 700 m=1 km 800 m
3 km 500 m=2 km 1500 m として計算します。
(2)1 km 700 m+3 km 500 m=4 km 1200 m
=5 km 200 m
別のとき方 (1)3 km 500 m=3500 m
1 km 700 m=1700 m
3500−1700=1800 (m)
1800 m=1 km 800 m

3 2 kg 200 g−350 g=1 kg 850 g
2 kg 200 g=1 kg 1200 g として計算します。

4 (1)2.8+5.7=8.5 (dL)
(2)5.7−2.8=2.9 (dL)

5 79÷8=9 あまり 7

> **ここに注意** わり算のあまりはわる数よりも小さくなります。

6 185×27=4995 (円)

7 分数のひき算は, 分母が同じとき, 分子だけを計算します。$\frac{6}{7}-\frac{2}{7}=\frac{4}{7}$ (m)

1 大きな数のしくみ

ステップ 1　10~11ページ

1 A国…一億《おく》二千五百八十六万人
B国…三億八千六百四十九万人
C国…七千三百九万人
2 (1)335000000　(2)2640800000
(3)1090018000000
3 (1)2600 万　(2)37 億　(3)4000 億
(4)8 億 6000 万
4 (1)1 億　(2)2 億 1000 万
(3)5 億 6000 万　(4)6000 万
(5)4 億 7000 万
5 (1)<　(2)<　(3)>
6 (1)55 億　(2)1 兆《ちょう》　(3)15 兆　(4)210 億

とき方

1 2 一の位から 4 けたずつ区切り, 万, 億, 兆の位《くらい》を読み書きします。

> **ここに注意** 0 がはいる位(空位《くうい》)が多いときは, とくに気をつけて数えます。

3 10 倍, 100 倍すると, 位が 1 つ, 2 つ上がり, 10 でわる $\left(\frac{1}{10}\right.$ にする$\left.\right)$ と, 位が 1 つ下がります。

(3)4兆=40000億 と考えることができます。

4 1目もりは，1億の $\frac{1}{10}$ だから1000万であることがわかります。

5 同じ位どうしでくらべます。上の位が大きい数ほど，大きいといえます。

6 1億や1兆をもとにして考えます。

(1)42+13=55 だから，42億+13億=55億

(2)7500+2500=10000 だから，
7500億+2500億=10000億=1兆

ステップ2　12〜13ページ

1 (1)7　(2)47，3500　(3)4735

2 (1)100億(10000000000)
(2)9000億　(3)1兆　(4)48億
(5)6000億　(6)1000万

3 (1)1億600万　(2)1億2100万
(3)1億5600万　(4)1億1000万
(5)1億4700万

4 イ，ア，ウ，エ

5 (1)167700　(2)31070　(3)186032
(4)663000　(5)2666000　(6)3360億

6 (1)9876543210　(2)1023456789

とき方

1 一の位から4けたずつ区切ると，
47/3500/0000 で，読み方は47億3500万。

2 (1)4けたずつ区切ると，*99/9999/9999* だから，1大きくするとけたが1つふえて，
100/0000/0000
つまり100億になります。
(2)1兆=10000億 と考えることができます。

3 1目もりは，1000万の $\frac{1}{10}$ だから100万であることがわかります。

4 まずけた数をくらべます。同じけたの数は，上の位から数字をくらべていきます。

5 (1)〜(3)は2けたをかけるかけ算の筆算と同じように計算します。

(1)
```
    325
   ×516
   1950
   325
 1625
 167700
```

(3)
```
    308
   ×604
   1232
   000  ←ここは省《はぶ》けます
 1848
 186032
```

(4)，(5)は0を省いて計算した後，答えに0をつけます。

(4)
```
   1700
  ×390
  153
  51
  663000
```

(5)
```
    620
  ×4300
   186
  248
  2666000
```

(6)1億をもとにして考えます。
48×70=3360 だから，
48億×70=3360億

6 (2)10けたの整数でいちばん小さい数をつくるには，10けた目の位に1をおき，その次の位に0をおきます。いちばん左の10けた目に0をおくことはありません。

2 計算の順じょときまり

ステップ1　14〜15ページ

1 (1)200　(2)150　(3)360　(4)42　(5)60
(6)300　(7)8　(8)4

2 (1)50　(2)10　(3)200　(4)73　(5)6
(6)10　(7)105　(8)298

3 (1)214　(2)7　(3)58　(4)15

4 (1)(上から)100，100，500，605
(2)(上から)200，200，50，59

とき方

1 (　)の中を先に計算します。
(1)500−(90+210)=500−300=200
(3)6×(50+10)=6×60=360
(4)7×(14−8)=7×6=42
(7)64÷(6+2)=64÷8=8

2 (5)12−2×3=12−6=6
(6)8+4÷2=8+2=10

> **ここに注意**　かけ算・わり算と，たし算・ひき算がまじった計算では，かけ算・わり算を先にします。計算にあたっては，まず，式の中の計算記号をよくみて，計算する順《じゅん》じょを決めます。

3 (2)12×7=7×12 だから，
12×7×35=7×12×35
(3)(147+12)×58=159×58 ですが，これは，
147×58+12×58と同じ結果《けっか》になります。

4 121=100+21，236=200+36 のようなくふうをすることで，かけ算やわり算を計算しやすくできます。

ステップ2　16~17ページ

1 (1)400÷(5+3)=50
(2)(120+45)×5=825

2 (1)122　(2)130　(3)225　(4)6　(5)55
(6)34　(7)805　(8)20　(9)44　(10)94
(11)572　(12)180　(13)120　(14)7000

3 (1)25, 100, 3700
(2)8, 60, 480
(3)1.4, 1.3, 2, 2, 3, 7

4 (1)+　(2)−　(3)÷　(4)×

5 (1)<　(2)=　(3)<　(4)<

とき方

1 (1)5+3=8, 400÷8=50
(2)120+45=165, 165×5=825

2 (7)23×(20+5×3)=23×(20+15)
=23×35
=805
(8)640÷(53−45)÷4=640÷8÷4
=80÷4
=20
(14)332×35−35×130−70
=35×332−35×130−35×2
=35×(332−130−2)
=35×200
=7000

3 (3)1.2+0.8=2 のように，和がちょうど整数になる組を見つけると，計算をしやすくなります。

4 (　)の中を先に計算することに気をつけて式をよく見ると，□に入れる計算記号を見つけられます。

5 (1)(90−43)−16=47−16=31
90−(43−16)=90−27=63
ひき算は，(　)のつけ方で結果が変《か》わります。
(2)かけ算は，かける順番を変えても同じ結果です。
(3)(64÷8)÷2=8÷2=4
64÷(8÷2)=64÷4=16
わり算は，(　)のつけ方で結果が変わります。
(4)<u>8×4</u>+4×13=84 と
(8+4)×13=<u>8×13</u>+4×13=156 の下線部をくらべると，計算をしなくてもどちらが大きいかわかります。

3 わり算の筆算 ①

ステップ1　18~19ページ

1 (1)20　(2)40　(3)80　(4)9　(5)200
(6)60　(7)70　(8)82　(9)600　(10)38

2 イ
わけ…(例《れい》)商の十の位《くらい》は，9÷4=2 あまり1の商2を立てるから。

3 (1)十の位　(2)十の位　(3)百の位

4 (1)7　(2)21　(3)12
(4)27　(5)132　(6)163
(7)157　(8)76　(9)103

5 (1)17 あまり 2
(2)92 あまり 3
(3)91 あまり 3

とき方

2 わり算のあまりは，わる数よりも小さくなるようにします。9÷4=1 あまり5としてしまうと，あまり5がわる数4より大きいのであやまりです。

3 (2)わられる数の百の位は1です。
1÷3=0 あまり1ですが，商のはじめの数に0は立てません。

4 (9)わられる数の十の位は2です。
2÷8=0 あまり2となり，商のはじめの数ではないから，0を立てます。

```
(1)    7    (2)   21    (3)   12
    5)35        4)84        6)72
      35          8           6
       0           4          12
                   4          12
                   0           0

(4)   27    (5)  132    (6)  163
    3)81        3)396       4)652
      6           3           4
      21           9          25
      21           9          24
       0            6          12
                    6          12
                    0           0

(7)  157    (8)   76    (9)  103
    5)785       6)456       8)824
      5           42          8
      28           36          24
      25           36          24
       35           0           0
       35
        0
```

5 (1)
```
   17
3)53
  3
  23
  21
   2
```
(2)
```
   92
4)371
  36
   11
    8
    3
```
(3)
```
   91
5)458
  45
    8
    5
    3
```

ステップ 2

20~21ページ

1 (1)13 あまり 1 (2)23 あまり 2 (3)16
(4)27 (5)112 (6)342
(7)278 あまり 1 (8)103 (9)744
(10)673 (11)340 (12)231 あまり 4

2 (1)10 あまり 1 (2)66 あまり 6
(3)正しい (4)315 あまり 1

3 (1)65 あまり 2 (2)604 あまり 1
(3)342 あまり 1

4 52 週間と 1 日

5 137 きゃく

6 124 箱

7 375 こ

とき方

1 わられる数が 4 けた，5 けた，……とふえても，上の位から順《じゅん》じょよくかりの商を立てて，わり進んでいきましょう。

2 (1)(4)あまりが，わる数より大きいものは，必《かなら》ずまちがいです。
(2)9×55+5=500 となり，600 にならないからまちがいです。
(3)7×123+4=865 だから，正しい。

> **ここに注意**
> ```
>          商
> わる数)わられる数
>        …………
>          あまり
> ```
> というわり算は，次の式で表せます。
> わられる数=わる数×商+あまり
> (例)7÷3=2 あまり 1 は，次の式で表せます。
> 7=3×2+1

4 1 週間は 7 日だから，
365÷7=52 あまり 1 (日)

5 546÷4=136 あまり 2
136+1=137 (きゃく)

6 992÷8=124 (箱)

7 30 m=3000 cm　3000÷8=375 (こ)

4 わり算の筆算 ②

ステップ 1

22~23ページ

1 (1)9 (2)4 (3)8
(4)8 あまり 20 (5)4 あまり 10
(6)3 あまり 30

2 (1)
```
     3
24)72
   72
    0
```
(2)
```
     4
13)64
   52
   12
```
(3)
```
     43
18)774
   72
    54
    54
     0
```

3 (1)32×8=256 (2)23×22+1=507

4 (1)6 あまり 50 (2)9 あまり 6
(3)9 あまり 4 (4)13 (5)13 あまり 31
(6)20 あまり 18

5 (1)33 あまり 3，13×33+3=432
(2)47 あまり 3，17×47+3=802
(3)30 あまり 16，32×30+16=976
(4)32 あまり 12，26×32+12=844
(5)24 あまり 16，32×24+16=784
(6)29 あまり 7，27×29+7=790

とき方

2 (2)13×□=52 となる□が商になります。

3 わり算とかけ算は反対の計算だから，かけ算を使って，わり算が正しいかどうかをたしかめることができます。

4 (1)
```
      6
52)362
   312
    50
```
(2)
```
      9
34)312
   306
     6
```
(3)
```
      9
28)256
   252
     4
```
(4)
```
     13
69)897
   69
   207
   207
     0
```
(5)
```
     13
47)642
   47
   172
   141
    31
```
(6)
```
     20
23)478
   46
    18
```

ステップ 2

24~25ページ

1 (1)9 あまり 29 (2)13 (3)12 あまり 50
(4)9 あまり 44 (5)12 あまり 69 (6)26

2 (1)940÷72=13 あまり 4
または，940÷13=72 あまり 4
(2)592÷22=26 あまり 20
または，592÷26=22 あまり 20

3 (1)36 あまり 10　(2)30　(3)775　(4)6
(5)20　(6)8
4 (1)15 本　(2)25 人
5 24 本
6 (1)490
(2)40 あまり 10
7 75 m

とき方

2 わられる数=わる数×商+あまり
の式にあてはめて考えます。
(1)わられる数は，72×13+4=940
あまりの 4 は 13 よりも小さいから，わる数を 13 と見ることもできます。
(2)わられる数は，22×26+20=592
あまりの 20 は 26 よりも小さいから，わる数を 26 と見ることもできます。

3 (1)(925−15)÷25=910÷25=36 あまり 10
(2)(689+1)÷23=690÷23=30
(3)93÷3×25=31×25=775
(4)4×84÷56=336÷56=6
(5)960÷3÷16=320÷16=20
別のとき方　960÷3÷16=960÷48=20
(6)720÷15÷6=48÷6=8
別のとき方　720÷15÷6=720÷90=8

4 (1)600÷39=15 あまり 15 だから，1 人分は 15 本で，15 本あまります。
(2)600÷24=25 (人)

5 3 m 60 cm=360 cm だから，
360÷15=24 (本)

6 (1)ある数を□とすると，
□÷21=23 あまり 7
□=21×23+7
□=490
(2)490÷12=40 あまり 10

7 1 時間は 60 分だから，60 分間で 4500 m 歩いたことになります。
よって，4500÷60=75 (m)

5 がい数と見積もり

ステップ 1　26〜27ページ

1 (1)3000　(2)50000
2 (1)3000　(2)100000
3 (1)80000　(2)410000
4 (1)20000　(2)600000
5 いちばん小さい数 150
いちばん大きい数 249
6 (1)9000　(2)137000　(3)5000
(4)6000
7 (1)210000　(2)2800000　(3)100
(4)80

とき方

2 たとえば 9 を切り上げると 10 になるように，けたが 1 つふえることがあります。
(2)99999 は切り上げると，けたが 1 つふえます。

5 数直線で表すと次のようになります。

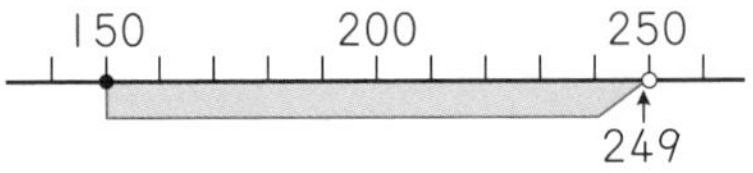

ここに注意　がい数が表すはんいを見つけるには，もとになる数のいちばん小さいものと，いちばん大きいものをさがします。これらの数が，はんいのさかい目になります。
たとえば，千の位《くらい》を四《し》捨《しゃ》五《ご》入《にゅう》して 1 万になるがい数のときは，千の位を切り上げて 1 万になるものを見つけます。それは，5000 から 9999 までです。この中で，5000 がいちばん小さい数にあたります。
また，切り下げて 1 万になるものは 10000 から 14999 までです。この中で 14999 がいちばん大きい数になります。

6 (1)2000+7000=9000
(2)80000+57000=137000
(3)9000−4000=5000
(4)9000−3000=6000

7 (1)300×700=210000
(2)4000×700=2800000
(3)9000÷90=100
(4)40000÷500=80

ステップ 2　28〜29ページ

1 (1)2367000　(2)5000
(3)5995000　(4)2370000
(5)10000　(6)5990000
2 (1)0，1，2，3，4
(2)5，6，7，8，9
3 31500 人以上《いじょう》 32499 人以下
4 44500 以上 45500 未満《みまん》

5 (1)およそ(約《やく》) 2 倍

(2)720000000 円(7 億《おく》 2000 万円)

6 (1)10 人

(2)十の位

わけ…(例《れい》)グラフの小さい 1 目もりが 10 人だから。

(3) ある日の乗車人数

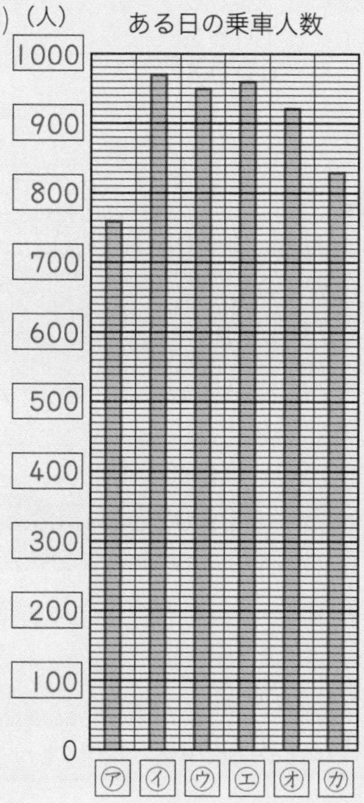

とき方

3 千の位までのがい数にしたいので，ひとつ下の百の位を四捨五入します。

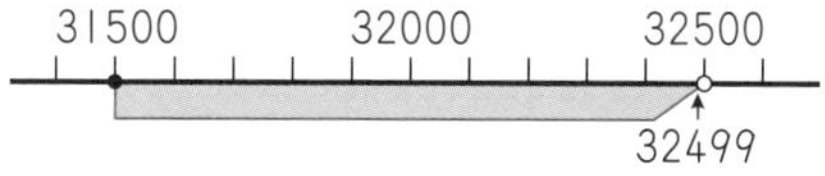

4 「45500 未満」は，「45500 より小さい」と同じ意味で，45500 はふくみません。

5 (1)120000÷60000=2 (倍)

(2)120000×6000=720000000 (円)

6 (1)いちばん多い人数は㋑の 972 人です。たての目もりは 0 から始まっているので，1000 までにすると，いちばん見やすいグラフがかけます。

(2)大きい 1 目もりは 100 人だから，小さい 1 目もりは 10 人になります。

> **ここに注意** 大きな数をグラフに表すには，データの数をねらいに合うようにがい数にします。

1 ~ 5

ステップ 3

30~31ページ

1 (1)

```
      6[7]
[8])5[3][6]
    4[8]
    ----
    [5][6]
     5[6]
    ----
       0
```

(2)

```
        1[2]
2[4])[3][0][6]
     [2]4
     ----
       [6][6]
        4[8]
       ----
        1 8
```

2 (1)さとし…切《き》り捨《す》て　しおり…切り上げ

ななみ…四捨五入《ししゃごにゅう》

(2)708001 から 708499 まで

3 (1)12　(2)8　(3)260　(4)170

4 (1)4 本　(2)57 本

5 (求《もと》め方の例《れい》)

はじめのちょ金を□円とすると，

(□+200)÷2=350+120+45×5

(□+200)÷2=695

□+200=695×2

□+200=1390

□=1390−200=1190

(答え) 1190 円

とき方

1 (1)わる数の□は，□×6 の十の位《くらい》が 4 より，7 か 8 です。

□が 7 のとき，商の一の位は 8 だから，わられる数は，7×68=476 となり，あてはまりません。□が 8 のとき，商の一の位は 7 だから，わられる数は，8×67=536 です。

(2)わる数の□は，□×1=4 だから，4 です。

また，商の一の位は 2 だとわかります。

わられる数は，24×12+18=306 です。

2 (1)㋐から，70 万になったさとしさんは切り捨てと考えられ，ある数の上 3 けたにならぶ数字は，㋑から 7，0，8 になります。また，千の位の数字から，しおりさんは切り上げ，ななみさんは四捨五入と考えられます。

> **ここに注意** あるがい数にあてはまる数を考えるとき，そのいちばん小さな数，いちばん大きな数は，がい数にするしかたが切り捨てか切り上げか，四捨五入かによって，変《か》わります。

(2)切り上げて千の位までのがい数にするとき，709000 になる数の中でいちばん小さい数は 708001 です。また，四捨五入で千の位までのがい数にするとき，708000 になる数の中でいちばん大きい数は 708499 です。

❸ (1)□÷6=2 だから，□=2×6=12 です。
(2) 18×4=72 だから，
□×8=72−8=64 となり，□=8 です。
(3)□÷5÷4=863−850=13 だから，
□=13×5×4=260 です。
(4)(□−20)÷6=40−15=25 だから，
□−20=25×6=150 となり，
□=150+20=170 です。

❹ (1) 135÷32=4 あまり 7 だから，1 学級に 4 本。
(2)もう 2 本ずつ 32 学級にいりますが，そのうち 7 本分はあまっているから，
2×32−7=57(本)
別のとき方 (2)(4+2)×32−135=192−135
=57(本)

6 小数のたし算とひき算

ステップ 1　32～33ページ

❶ 9 の数字 $\frac{1}{100}$ の位《くらい》(小数第 2 位《い》)
$\frac{1}{1000}$ の位 5

❷ (1) 0.1 (2) 10 (3) 0.1 (4) 56 (5) 2360
(6) 3.4 (7) 0.01 (8) 0.01 (9) 0.001
(10) 0.08 (11) 0.034 (12) 0.206

❸
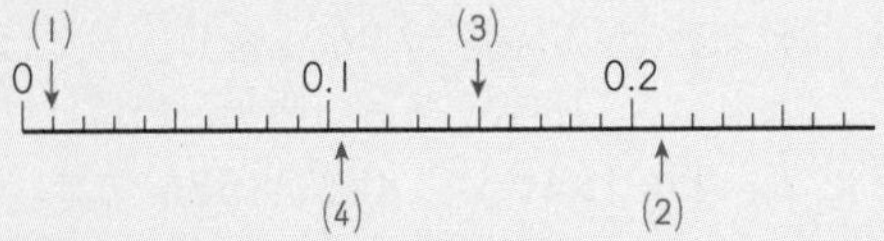

❹ (1) 2.8 km (2) 0.7 kg (3) 3.06 m
(4) 5.35 kg

❺ (1) 8.29 (2) 14.55 (3) 5.09 (4) 5.34
(5) 9.36 (6) 8.9 (7) 1.81 (8) 0.008

とき方

❷ 小数を 10 倍，100 倍すると，小数点は右の位へ 1 つ，2 つうつります。また，10，100 でわると，左の位へ 1 つ，2 つうつります。

❸ (1) 0.01=0.1÷10 だから，いちばん小さな 1 目もりが 0.01 です。
(2) 0.21=0.2+0.01 だから，0.2 の次の目もりです。
(4) 0.105=0.1+0.005 です。0.005×2=0.01 だから，いちばん小さな 1 目もりの半分の長さが，0.005 になります。

❹ (1) 100 m=0.1 km だから，800 m=0.8 km，
2 km 800 m=2 km+0.8 km
(2) 100 g=0.1 kg だから，700 g=0.7 kg
(3) 3 m 6 cm=3 m+0.06 m=3.06 m
(4) 5 kg 350 g=5 kg+0.35 kg=5.35 kg

❺ 筆算するときは，小数点の位《い》置《ち》をそろえます。右側《みぎがわ》の位がそろっていないときは，0 をつけてそろえます。

(7)
```
  4.60
− 2.79
  1.81
```
(8)
```
  1.060
− 1.052
  0.008
```

ステップ 2　34～35ページ

❶ (1) 0.3 (2) 10.3 (3) 2050 (4) 0.06
(5) 0.36 (6) 1.204

❷ (1)(左から)7.9，7.89
(2)(左から)5.9，6.02

❸ (1)< (2)> (3)> (4)>

❹ 25，2.5，0.25，0.025，0

❺ (1) 7.96 (2) 3 (3) 25.022 (4) 18.658
(5) 4.17 (6) 0.558 (7) 22.68
(8) 14.467

❻ 和 10.35 差《さ》 3.35

❼ (1) 0.4 m (2) 29.9 m
(3)りょうさん，30.2 m

とき方

❷ 左から右へ，数と数の間はどこも，同じように変《へん》化《か》していることに注目します。
(1)右へ 0.01 ずつへっています。
(2)右へ 0.04 ずつふえています。

ここに注意　数の列がどんな変《か》わり方をしているかに気づくと，列の間の数や，列の次の数を見つけられます。

❸ 2 つの数について，同じ位どうしの数に注目します。上の位が大きい数のほうが大きくなります。

❹ 数を 10 倍すると，位が 1 けた上がります。
0.025 —10 倍→ 0.25 —10 倍→ 2.5 —10 倍→ 25

❻ 0.1 を 35 倍すると 3.5，0.01 を 685 倍すると 6.85 です。
よって，3.5+6.85=10.35
6.85−3.5=3.35

❼ 3 人の投げたようすは，次の線分図で表せます。
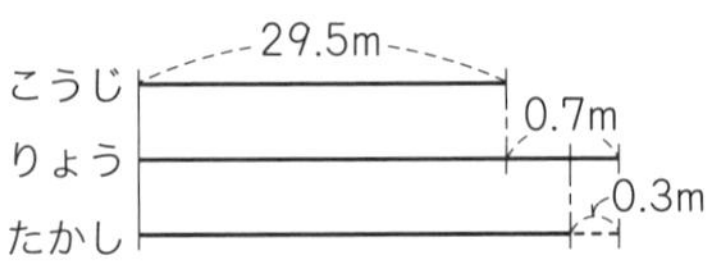

(1) 0.7−0.3=0.4 (m)
(2) 29.5+0.4=29.9 (m)
(3) こうじ 29.5 m
りょう 29.5+0.7=30.2 (m)
たかし 29.9 m
よって，いちばん遠くへ投げたのはりょうさんです。

7 小数のかけ算

ステップ 1 　36～37ページ

1 (1) 18
(2) (左から) 18，72，7.2

2 (1) 5.6　(2) 11.2　(3) 18.96　(4) 29.61
(5) 4　(6) 23　(7) 1.5　(8) 27.4

3 (1) 43.2　(2) 326.8　(3) 294　(4) 193.2
(5) 19.44　(6) 30.45　(7) 30　(8) 124.11
(9) 100.16　(10) 117.88　(11) 196.2
(12) 287.64

4 (1) 72.42　(2) 182.91　(3) 1342.25
(4) 186.467

とき方

1 (2) 0.1 が 72 こ集まった数は，0.1×72=7.2 となります。

2 小数点がないものとして，整数どうしのかけ算と同じように計算したあと，積《せき》の小数点を，かけられる数の小数点の位置《いち》にそろえてうちます。

```
(1)  0.7   (3)  3.16   (5)  0.8   (7)  0.75
   ×  8      ×    6      ×  5      ×     2
   ────      ──────      ────      ──────
    5.6       18.96       4.0        1.50
```

3

```
(1)   1.2   (2)   7.6   (3)   3.5   (4)   6.9
    × 3 6       × 4 3       × 8 4       × 2 8
    ─────       ─────       ─────       ─────
       72        228         140         552
     36         304         280         138
    ─────       ─────       ─────       ─────
     43.2       326.8       294.0       193.2

(5)  0.36   (6)  0.87   (7)  1.25
    ×  54       ×  35       ×  24
    ─────       ─────       ─────
      144         435         500
     180         261         250
    ─────       ─────       ─────
    19.44       30.45       30.00

(8)   1.97   (9)   3.13   (10)   4.21
    ×   63       ×   32        ×   28
    ──────       ──────        ──────
       591          626          3368
     1182          939           842
    ──────       ──────        ──────
    124.11       100.16        117.88

(11)   5.45   (12)   6.12
     ×   36        ×   47
     ──────        ──────
       3270          4284
      1635          2448
     ──────        ──────
     196.20        287.64
```

4

```
(1)  0.51   (2)  0.67   (3)    4.13
    × 142       × 273        ×  325
    ─────       ─────        ───────
      102         201          2065
     204         469          826
     51         134          1239
    ─────       ─────        ───────
    72.42       182.91       1342.25

(4)   0.709
    ×   263
    ───────
       2127
      4254
     1418
    ───────
    186.467
```

ステップ 2 　38～39ページ

1 (1) 26.52　(2) 16.1　(3) 98.61
(4) 2634.06　(5) 79.04　(6) 300.96
(7) 567.84　(8) 606.3　(9) 835.38
(10) 660.1　(11) 787.36　(12) 2325.4
(13) 2661.52　(14) 4895.02　(15) 176.485

2 5.5 L

3 およそ 54 m

4 11.5 m

5 33.2 kg

6 13.8 m

とき方

2 0.25×22=5.5 (L)

3 1.25×43=53.75 より，およそ 54 m

4 10 cm=0.1 m だから，
0.95×12+0.1=11.4+0.1=11.5 (m)

5 800 g=0.8 kg だから，
1.2×27+0.8=33.2 (kg)

6 0.9×15+0.3=13.8 (m)

8 小数のわり算

ステップ 1 　40～41ページ

1 (1) 4.3　(2) 1.5　(3) 5.8　(4) 9.4　(5) 1.9
(6) 2.8　(7) 1.3　(8) 4.2

2 (1)3 あまり 6.4
(2)7 あまり 5.5
(3)1 あまり 11.1

3 (1)4.5 (2)0.75 (3)0.75 (4)0.25
(5)2.74 (6)0.135

4 (1)1.4 (2)6.3 (3)0.85

とき方

1

(1)
```
    4.3
 2)8.6
   8
    6
    6
    0
```
(2)
```
    1.5
 5)7.5
   5
   25
   25
    0
```
(3)
```
     5.8
 3)17.4
   15
    24
    24
     0
```
(4)
```
     9.4
 4)37.6
   36
    16
    16
     0
```
(5)
```
      1.9
 25)47.5
    25
    225
    225
      0
```
(6)
```
      2.8
 21)58.8
    42
    168
    168
      0
```
(7)
```
      1.3
 43)55.9
    43
    129
    129
      0
```
(8)
```
      4.2
 18)75.6
    72
     36
     36
      0
```

2

(1)
```
     3
 7)27.4
   21
    6.4
```
(2)
```
     7
 9)68.5
   63
    5.5
```
(3)
```
      1
 28)39.1
    28
    11.1
```

ここに注意 答えのたしかめをしておくと，計算まちがいが少なくなります。
(1)7×3+6.4=27.4
(2)9×7+5.5=68.5
(3)28×1+11.1=39.1

3 わられる数に0をつけたして計算を続《つづ》けることができます。

(1)
```
     4.5
 4)18.0
   16
    20
    20
     0
```
(2)
```
    0.75
 8)6.00
   56
    40
    40
     0
```
(3)
```
    0.75
 6)4.50
   42
    30
    30
     0
```
(4)
```
      0.25
 64)16.00
    128
     320
     320
       0
```
(5)
```
     2.74
 5)13.70
   10
    37
    35
     20
     20
      0
```
(6)
```
     0.135
 24)3.240
    24
     84
     72
     120
     120
       0
```

4

(1)
```
      4
    1.3~~5~~
 7)9.50
   7
   25
   21
    40
    35
     5
```
(2)
```
     6.3~~1~~
 9)56.80
   54
    28
    27
     10
      9
      1
```
(3)
```
          5
      0.8~~47~~
 72)61.000
    576
     340
     288
      520
      504
       16
```

ここに注意 (3)のように答えの一の位《くらい》が0のとき，上から2けた目は $\frac{1}{100}$ の位になります。

ステップ2　42〜43ページ

1 (1)1.9 あまり 0.2 (2)0.7 あまり 0.52
(3)2.0 あまり 0.4

2 (1)1.125 (2)0.875 (3)4.525

3 (1)43.96 (2)0.085 (3)4.14 (4)74.84

4 6.4 cm

5 0.225 kg

6 0.17 km

7 7本，2.5 m あまる

8 大きいコップ 0.24 L
小さいコップ 0.12 L

とき方

1

(1)
```
     1.9
 7)13.5
   7
    65
    63
    0.2
```
(2)
```
    0.7
 6)4.72
   42
   0.52
```
(3)
```
      2.0
 28)56.4
    56
     0.4
```

3 (1)14×3.14=43.96
(2)3.485÷41=0.085
(3)(74.6−0.08)÷18=4.14
(4)2.34×56−56.2=131.04−56.2=74.84

4 正方形の4つの辺《へん》はすべて同じ長さだから，
25.6÷4=6.4 (cm)

5 5÷25+0.025=0.2+0.025=0.225 (kg)

6 4.08÷24=0.17 (km)

7 23.5÷3=7 あまり 2.5

8 小さいコップだけで分けることを考えます。つまり，大きいコップには 0.12 L 多く入れるのだから，その 5 こ分の水を 1.8 L からひいた残《のこ》りは，小さいコップ 10 こ分になります。
よって，1.8−0.12×5=1.2,
1.2÷10=0.12 (L)，0.12+0.12=0.24 (L)
別のとき方 大きいコップに□L 入れるとすると，
□×5+(□−0.12)×5=1.8
□×5+□×5−0.12×5=1.8
□×10=1.8+0.6
□=2.4÷10=0.24 (L)
よって，小さいコップは，
0.24−0.12=0.12 (L)

9 分数の種類

ステップ 1　44〜45ページ

1 (1)6　(2)$\frac{1}{7}$　(3)9　(4)4

2 (1)1，2，3，4，5，6
(2)7
(3)8，9，10

3 真分数《しんぶんすう》 $\frac{3}{4}$，$\frac{4}{13}$，$\frac{7}{8}$
仮分数《かぶんすう》 $\frac{11}{7}$，$\frac{12}{5}$
帯分数《たいぶんすう》 $1\frac{1}{3}$，$2\frac{1}{3}$，$5\frac{1}{4}$

4 (1)$\frac{11}{5}$　(2)$\frac{7}{4}$　(3)$3\frac{1}{3}$　(4)$3\frac{1}{7}$

5 (1)2　(2)6　(3)10

6 (1)$1\frac{5}{7}$　(2)$1\frac{9}{10}$　(3)$5\frac{1}{2}$　(4)4

7 (1)<　(2)<　(3)>

とき方

2 整数 1 と等しい大きさは $\frac{7}{7}$ だから，分子にあてはまる数は，7 を分かれ目にして考えます。

ここに注意 2つの数㋐と㋑の大きさくらべは，次の 3 通りのいずれかになります。
(㋐は㋑より大きい)
(㋐は㋑と等しい)
(㋐は㋑より小さい)

5 (1)$\frac{1}{2}=\frac{1\times2}{2\times2}=\frac{2}{4}$

ここに注意 分数の分母と分子に同じ数をかけたり，同じ数でわったりすると大きさの等しい分数ができます。
たとえば，$\frac{2}{3}$ の分母と分子に 2 をかけると $\frac{4}{6}$ になり，$\frac{2}{3}=\frac{4}{6}$ です。

7 (1)分母が同じ分数だから，分子が大きい分数のほうが，大きくなります。
(2)分子が同じ分数だから，分母が小さい分数のほうが，大きくなります。
(3)$1\frac{5}{11}=\frac{11}{11}+\frac{5}{11}=\frac{16}{11}$
分母が同じ分数だから，分子が大きい分数のほうが，大きくなります。

ここに注意 $\frac{2}{4}$ と $\frac{2}{3}$ のように，分子が同じ数のときは，分母が小さいほうが大きな分数になります。

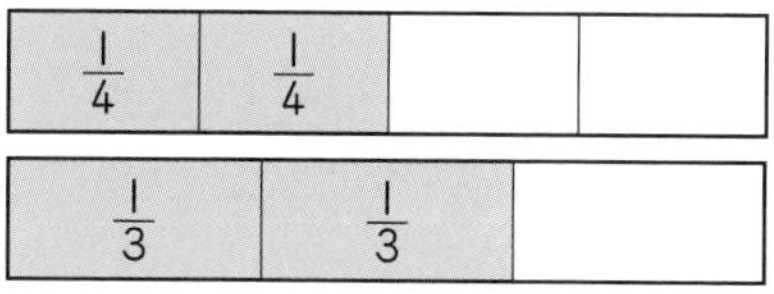

ステップ 2　46〜47ページ

1 (1)10　(2)$\frac{17}{8}\left(2\frac{1}{8}\right)$
(3)真分数，仮分数，帯分数

2 (1)$1=\frac{\boxed{2}}{2}=\frac{4}{\boxed{4}}=\frac{\boxed{8}}{8}=\frac{10}{\boxed{10}}$
(2)$\frac{1}{3}=\frac{\boxed{2}}{6}=\frac{\boxed{3}}{9}=\frac{5}{\boxed{15}}=\frac{\boxed{8}}{24}$

3 (1)>　(2)>　(3)>　(4)<　(5)<　(6)>
(7)<　(8)<　(9)>　(10)<

4 (1)$\frac{9}{4}$，$\frac{7}{4}$，$\frac{5}{4}$，$\frac{3}{4}$，$\frac{1}{4}$
(2)$\frac{1}{2}$，$\frac{1}{3}$，$\frac{1}{4}$，$\frac{1}{5}$，$\frac{1}{6}$

5 (1)$\frac{2}{10}$　(2)$\frac{5}{10}$　(3)$1\frac{1}{10}\left(\frac{11}{10}\right)$　(4)0.7
(5)2.3　(6)1.9

6 (1)$\frac{13}{6}$，$2\frac{1}{6}$　(2)$\frac{25}{7}$，$3\frac{4}{7}$

7 (1)30　(2)10　(3)$\frac{7}{10}$　(4)300

とき方

2 (1)分子，分母が同じ数になる分数は，その大きさが1になります。

(2)大きさの等しい分数は，もとの分数の分母と分子に同じ数をかけたり，同じ数でわったりしてつくります。

3 (1)，(3)，(4)，(5)は，分子が同じ分数だから，分母が小さい分数のほうが，大きくなります。

(6)，(7)，(8)，(9)，(10)は，帯分数か仮分数にそろえてくらべます。

(6) $3\frac{1}{5}=\frac{15}{5}+\frac{1}{5}=\frac{16}{5}>\frac{13}{5}$

5 (3) $1.1=1+0.1$ だから，$1\frac{1}{10}\left(\frac{11}{10}\right)$

(5) $2\frac{3}{10}=2+\frac{3}{10}=2+0.3=2.3$

6 仮分数は，分母は「わる数」，分子は「わられる数」になります。

帯分数は，商が整数部分で，あまりが分子になります。

7 (1)0.3 m だから，30 cm

(2) $60\div6=10$

(3)7 dL=0.7 L だから，$\frac{7}{10}$

(4)0.3 kg=300 g

10 分数のたし算とひき算

ステップ 1 48〜49ページ

1 (1) $\frac{4}{3}\left(1\frac{1}{3}\right)$ (2) $\frac{7}{5}\left(1\frac{2}{5}\right)$ (3) $\frac{13}{9}\left(1\frac{4}{9}\right)$

(4) $\frac{5}{4}\left(1\frac{1}{4}\right)$ (5) $\frac{17}{10}\left(1\frac{7}{10}\right)$ (6) $\frac{9}{8}\left(1\frac{1}{8}\right)$

2 (1) $3\frac{3}{4}\left(\frac{15}{4}\right)$ (2) $2\frac{1}{7}\left(\frac{15}{7}\right)$ (3) $3\frac{1}{6}\left(\frac{19}{6}\right)$

(4) $2\frac{1}{10}\left(\frac{21}{10}\right)$ (5) $4\frac{2}{3}\left(\frac{14}{3}\right)$

(6) $4\frac{2}{8}\left(\frac{34}{8}\right)$

3 (1) $\frac{6}{5}\left(1\frac{1}{5}\right)$ (2) $\frac{7}{9}$ (3) $1\frac{1}{4}\left(\frac{5}{4}\right)$ (4) $\frac{3}{4}$

(5) $\frac{7}{10}$ (6) $1\frac{5}{6}\left(\frac{11}{6}\right)$

4 (1) $\frac{1}{3}$ (2) $\frac{7}{8}$ (3) $1\frac{2}{6}\left(\frac{8}{6}\right)$ (4) $\frac{5}{7}$

(5) $2\frac{2}{5}\left(\frac{12}{5}\right)$ (6) $1\frac{1}{6}\left(\frac{7}{6}\right)$ (7) $1\frac{3}{7}\left(\frac{10}{7}\right)$

(8) $1\frac{3}{4}\left(\frac{7}{4}\right)$ (9) $\frac{5}{8}$

5 (1) $4\frac{1}{6}\left(\frac{25}{6}\right)$ L (2) $\frac{5}{6}$ L

とき方

1 分母が同じ分数のたし算は，分子どうしのたし算をします。

(2) $\frac{4}{5}+\frac{3}{5}=\frac{7}{5}$ は，$\frac{1}{5}$ が合計で $4+3=7$（こ）あるということです。

2 答えを帯分数《たいぶんすう》で表すときは，分数部分が真分数《しんぶんすう》になるようにします。

(2) $1\frac{5}{7}+\frac{3}{7}=1+\frac{5}{7}+\frac{3}{7}=1\frac{8}{7}$ ですが，これでは分数部分が真分数ではありません。答えとしては，$1+1+\frac{1}{7}=2\frac{1}{7}$ の形にします。

(5) $3\frac{1}{3}+1\frac{1}{3}=(3+1)+\left(\frac{1}{3}+\frac{1}{3}\right)$

$=4+\frac{2}{3}=4\frac{2}{3}$

3 分母が同じ分数のひき算は，分子どうしのひき算をします。分子どうしのひき算ができないときは，帯分数の整数部分をひとつへらして分数部分の分子をふやします。

(3) $2-\frac{3}{4}=1+\frac{4}{4}-\frac{3}{4}=1+\frac{1}{4}=1\frac{1}{4}$

(4) $1\frac{1}{4}-\frac{2}{4}=\frac{5}{4}-\frac{2}{4}=\frac{3}{4}$

(6) $2\frac{3}{6}-\frac{4}{6}=1\frac{9}{6}-\frac{4}{6}=1\frac{5}{6}$

4 (3) $3-1\frac{4}{6}=2\frac{6}{6}-1\frac{4}{6}=(2-1)+\left(\frac{6}{6}-\frac{4}{6}\right)$

$=1+\frac{2}{6}=1\frac{2}{6}$

(5) $3\frac{3}{5}-1\frac{1}{5}=(3-1)+\left(\frac{3}{5}-\frac{1}{5}\right)$

$=2+\frac{2}{5}=2\frac{2}{5}$

(7) $3\frac{2}{7}-1\frac{6}{7}=2\frac{9}{7}-1\frac{6}{7}$

$=(2-1)+\left(\frac{9}{7}-\frac{6}{7}\right)=1\frac{3}{7}$

5 (1) $2\frac{3}{6}+1\frac{4}{6}=3\frac{7}{6}=4\frac{1}{6}$ (L)

(2) $2\frac{3}{6}-1\frac{4}{6}=1\frac{9}{6}-1\frac{4}{6}=\frac{5}{6}$ (L)

ステップ 2

50～51ページ

1 (1) $4\frac{1}{6}\left(\frac{25}{6}\right)$　(2) $4\frac{4}{7}\left(\frac{32}{7}\right)$　(3) $4\frac{2}{8}\left(\frac{34}{8}\right)$

(4) $5\frac{5}{9}\left(\frac{50}{9}\right)$　(5) $\frac{17}{12}\left(1\frac{5}{12}\right)$　(6) $\frac{4}{5}$

(7) $\frac{3}{8}$　(8) $\frac{10}{11}$　(9) $7\frac{3}{10}\left(\frac{73}{10}\right)$　(10) $\frac{6}{7}$

(11) $2\frac{5}{6}\left(\frac{17}{6}\right)$　(12) $4\frac{6}{13}\left(\frac{58}{13}\right)$

2 (1) $2\frac{1}{6}\left(\frac{13}{6}\right)$ 時間　(2) $\frac{3}{5}$ L

3 (1)切りとる長さ $3\frac{1}{3}\left(\frac{10}{3}\right)$ m

残《のこ》り $1\frac{2}{3}\left(\frac{5}{3}\right)$ m

(2)残り $1\frac{4}{5}\left(\frac{9}{5}\right)$ L　あまり $\frac{4}{5}$ L

(3) $\frac{1}{5}$ L

4 (1) $66\frac{4}{5}\left(\frac{334}{5}\right)$ cm　(2) $49\frac{3}{5}\left(\frac{248}{5}\right)$ cm

とき方

2 (1) $\frac{5}{6}+\frac{4}{6}+\frac{4}{6}=\frac{13}{6}=2\frac{1}{6}$ (時間)

(2) $1\frac{2}{5}-\frac{4}{5}=\frac{3}{5}$ (L)

3 (1) $1\frac{2}{3}+1\frac{2}{3}=3\frac{1}{3}$ (m)

$5-3\frac{1}{3}=1\frac{2}{3}$ (m)

(2) $3\frac{1}{5}-\frac{4}{5}-\frac{3}{5}=1\frac{4}{5}$ (L)　$1\frac{4}{5}-1=\frac{4}{5}$ (L)

(3) $1\frac{4}{5}-\left(\frac{2}{5}+\frac{2}{5}+\frac{2}{5}+\frac{2}{5}\right)=\frac{9}{5}-\frac{8}{5}=\frac{1}{5}$ (L)

4 (1)のりしろの分だけ短くなるから，

$22\frac{4}{5}-\frac{4}{5}=22$

$22\times2+22\frac{4}{5}=66\frac{4}{5}$ (cm)

(2) $66\frac{4}{5}-\left(8\frac{3}{5}+8\frac{3}{5}\right)=66\frac{4}{5}-17\frac{1}{5}$

$=49\frac{3}{5}$ (cm)

6～10

ステップ 3

52～53ページ

1 (1) 10.614　(2) 47.31　(3) 73.56
(4) 131.68

2 (1) $1\frac{5}{8}\left(\frac{13}{8}\right)$　(2) $1\frac{2}{5}\left(\frac{7}{5}\right)$　(3) $\frac{3}{4}$

(4) $3\frac{2}{7}\left(\frac{23}{7}\right)$

3 (1) $1\frac{5}{6}\left(\frac{11}{6}\right)$　(2) $2\frac{10}{12}\left(\frac{34}{12}\right)$

4 1.04 kg

5 0.95 cm

6 (1)かんが $\frac{2}{5}$ L 多い。

(2)びんが $1\frac{1}{5}\left(\frac{6}{5}\right)$ L 多い。

7 139.2 cm

とき方

1 (　)がついている計算では，(　)の中から計算します。

(3) 74.24−62.56÷92=74.24−0.68=73.56

(4) 6.23+4.825×26=6.23+125.45=131.68

2 (2) $2\frac{3}{5}+3\frac{3}{5}-4\frac{4}{5}=5\frac{6}{5}-4\frac{4}{5}=1\frac{2}{5}$

(3) $2\frac{1}{4}-\left(\frac{3}{4}+\frac{3}{4}\right)=\frac{9}{4}-\frac{6}{4}=\frac{3}{4}$

(4) $1\frac{3}{7}+\left(4\frac{3}{7}-2\frac{4}{7}\right)=1\frac{3}{7}+1\frac{6}{7}=3\frac{2}{7}$

3 ある数を□とします。

(1) $\square+1\frac{1}{6}=3$

$\square=3-1\frac{1}{6}=1\frac{5}{6}$

(2) $5\frac{5}{12}-\square=2\frac{7}{12}$

$\square=5\frac{5}{12}-2\frac{7}{12}=2\frac{10}{12}$

4 (14−1.52)÷12=12.48÷12=1.04 (kg)

5 4本にしたはり金の両はしが，同じ長さずつはみ出すのだから，
47.6÷4=11.9，(11.9−10)÷2=0.95 (cm)

6 (1) $2\frac{1}{5}-1\frac{4}{5}=\frac{2}{5}$ (L)

(2) $\left(1\frac{4}{5}+\frac{4}{5}\right)-\left(2\frac{1}{5}-\frac{4}{5}\right)=2\frac{3}{5}-1\frac{2}{5}=1\frac{1}{5}$ (L)

7 (12.4−0.8)×12=11.6×12=139.2 (cm)

11 折れ線グラフ

ステップ 1

54～55ページ

1 (1) 6日…10題　7日…16題
8日…12題　9日…14題
10日…18題

(2) 10日　(3) 6日　(4) 7日　(5) 8日

2 (1) オ　(2) イ　(3) エ　(4) ウ　(5) ア

3 (1)

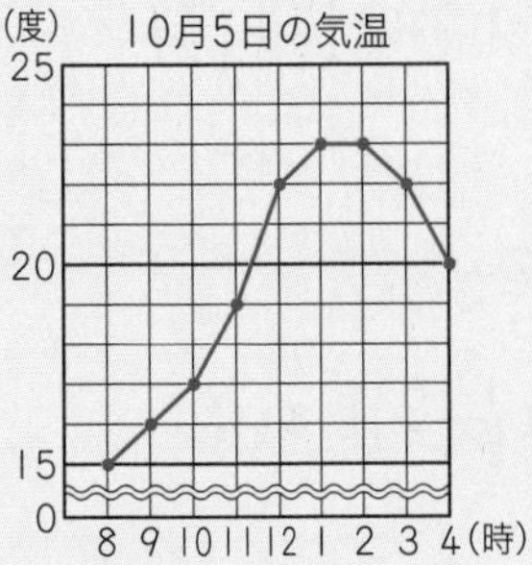

(2) ① 11時から12時　② 1時から2時

③ 3時から4時

とき方

1 (1) たての目もりが正しくできた問題数を表しているから，グラフの点が上にあるほど，できた問題数が多いことになります。

(4) 線のかたむきがいちばん急に，左から右に上がった日を答えます。

(5) 線のかたむきがいちばん急に，左から右に下がった日を答えます。

2 折《お》れ線《せん》グラフは，たて・横それぞれの目もりを等しくとってあります。だから，折れ線のかたむきが大きくなるほど，変化《へんか》がはげしくなります。

3 表の中で，いちばん低い気温は15度です。そこで，≈≈≈の印《しるし》を使って，0と15の間の目もりを省《はぶ》いています。これによって，折れ線グラフから気温の変《か》わり方が，よりわかりやすくなります。

ステップ2　56～57ページ

1 (1) ×　(2) ○　(3) ○　(4) ×

2 (1) 2016年から2017年

(2) 2017年から2018年

(3) 2013年　520けん

2018年　730けん

3

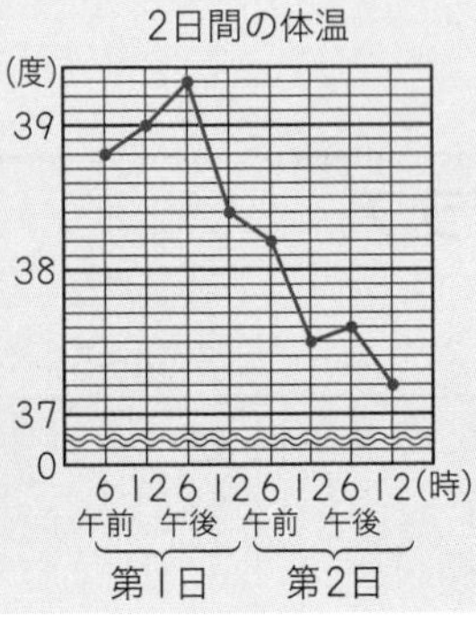

4 (1) 6月，43人

(2) いちばん…9月

その次…5月

(3)

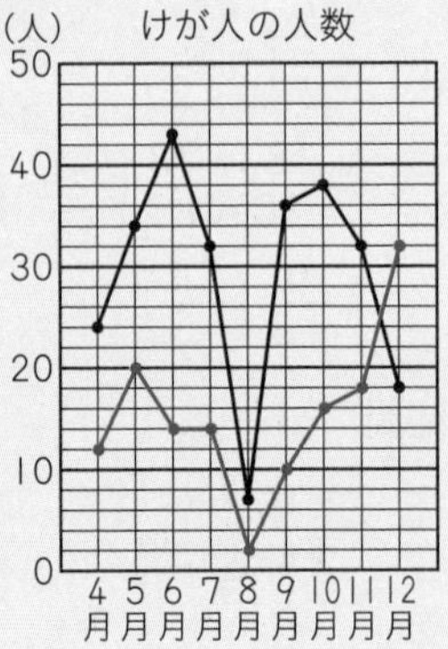

(4)（例《れい》）

・8月の人数がいちばん少ない。

・7月から8月のへり方がいちばん大きい。

5 (1)

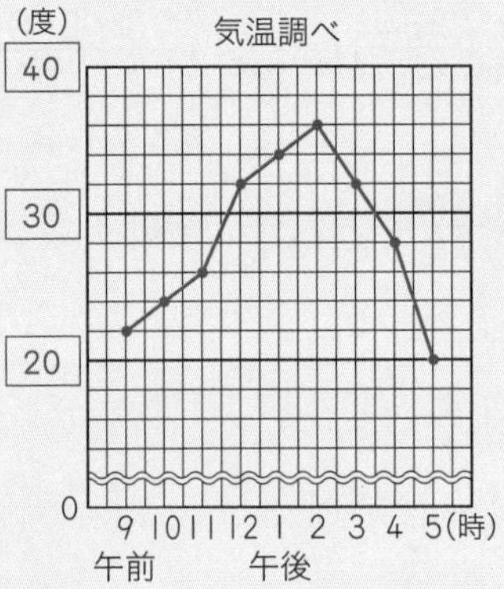

(2) 2度

とき方

1 折れ線グラフは，数量《すうりょう》の変わり方を調べるのに役立ちます。

ぼうグラフは，大きさのちがいをくらべるのに役立ちます。

4 (1) いちばん小さい目もりは2人だから，42人と44人の間の43人と読み取ることができます。

5 表の気温でいちばん低いのは20度，いちばん高いのは36度です。よって，たての目もりの□には下から，20，30，40と入れることで，グラフがかきやすくなります。

12 整理のしかた

ステップ 1　58～59ページ

1 (1)

うがい / 手あらい	○	×	計
○	2	1	3
×	2	1	3
計	4	2	6

(2) はんの人数 6 人
手あらいをした人 3 人
うがいをした人 4 人
どちらもしない人 1 人

2 (1) けがの場所別人数

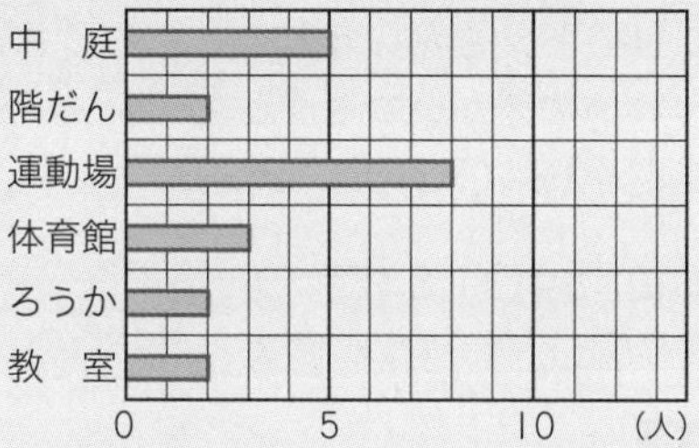

(2) けがの場所と学年調べ(人)

学年 / 場所	1	2	3	4	5	6	計
中　庭	1	0	2	1	1	0	5
階だん	0	1	0	1	0	0	2
運動場	2	0	1	1	1	3	8
体育館	0	1	1	0	1	0	3
ろうか	0	0	1	1	0	0	2
教　室	0	1	0	0	1	0	2
計	3	3	5	4	4	3	22

(3) いちばん多い　3 年生
いちばん少ない　1 年生，2 年生，6 年生
(4) 6 年生の運動場

とき方

1 2 つの観点《かんてん》で調べたデータは，表を使うとわかりやすく分類《ぶんるい》できます。

> **ここに注意**　2 つの観点について調べた結《けっ》果《か》を，○，×の組で表しています。

2 (1)「けがの場所」という 1 つの観点で分類しています。
(2)～(4)「学年」と「けがの場所」という 2 つの観点で分類しています。

ステップ 2　60～61ページ

1 (1) 32 人
(2) ㋐犬は好きだが，ねこはきらいな人
㋑犬はきらいだが，ねこは好きな人
(3) ㋐10　㋑5　㋒4　㋓9　㋔14

2 (1) 14 人
(2) 4 人
(3)

	男	女	計
子ども	14	14	28
おとな	4	8	12
計	18	22	40

(人)

(4) 8 人

3 (1) ウ
(2) 算数も国語も 80 点より下の人

4 (1) 13 こ
(2) 10 こ
(3) 3 こ
(4)

3でわる / 4でわる	わり切れる	わり切れない	計
わり切れる	3	7	10
わり切れない	10	20	30
計	13	27	40

(こ)

(5) 20 こ

とき方

1 (1) この表の右下にある数「32」が合計の人数です。
(3) ㋐ 23－13＝10
㋑ 18－13＝5
㋓ 32－23＝9
㋔ 32－18＝14
㋒ 14－10＝4

> **ここに注意**　表の中にあてはまる数を見つけるとき，表のたて，または横にならぶ数の和・差《さ》を使います。

2 今回，表を完成《かんせい》させるのは(3)ですが，表を書きながら，(1)，(2)，(4)をとくことで，考えやすくなります。
「子ども 28 人」は，「子ども」の「計」に，
「男の子ども 14 人」は，「子ども」の「男」に書きます。
すると，(1)の「女の子ども」は，
28－14＝14（人）とわかります。

3 (1) かつおさんは，算数が 80 点から 100 点のらんと，国語が 80 点より下のらんの交わったところにはいります。

2つのこう目について，Aであり B である人は，A のらんと B のらんの交わった○の位置《いち》になります。

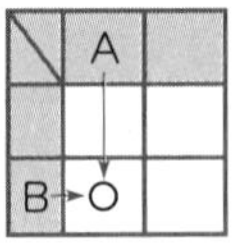

4 (1)3，6，9，12，15，18，21，24，27，30，33，36，39 の合計 13 こです。

(2)4，8，12，16，20，24，28，32，36，40 の合計 10 こです。

(3)3 でも 4 でもわり切れるいちばん小さい数は 12 です。12 でわり切れる数をひろい出します。12，24，36 の合計3こです。

(5)完成した表から，「3でわり切れない」と「4でわり切れない」の交わった位置の数を読み取ります。

13 変わり方

ステップ1　62〜63ページ

1 (1)5 こ

(2)

たろう	0	1	2	3	4	5	6	7	8	9
しおり	9	8	7	6	5	4	3	2	1	0

(3)□+○=9（□=9−○，○=9−□ でもよい。）

2 (1)

だんの数(だん)	1	2	3	4	5
まわりの長さ(cm)	4	8	12	16	20

(2)□×4=○（○÷4=□，○÷□=4 でもよい。）

(3)52 cm

3 (1)□…買ったさっ数　○…代金

(2)11 さつ

とき方

1 (1)9−4=5（こ）

(2)2 人であわせて 9 こだから，表の上の数とその下の数の和はいつも 9 になります。

2 (3)(2)の式の□に 13をあてはめると，

13×4=52

3 (2)120×□=○ の式の○に 1320 をあてはめると，

120×□=1320

□=1320÷120=11

ステップ2　64〜65ページ

1 (1)□+○=15　(2)3 cm　(3)12.5 cm

2 (1)

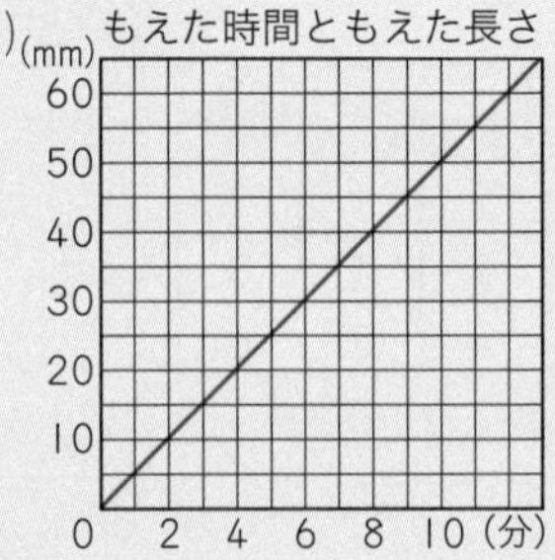

(2)25 mm

3 (1)45 才

(2)(例)お父さんの年れいとたろうさんの年れいの差《さ》がいつも 25 才

(3)□−25=○（○+25=□）

4 (1)□×8=○（8×□=○）

(2)96 cm　(3)15 時間後

とき方

1 (1)長方形のまわりの長さが 30 cm だから，たて+横の長さは，30÷2=15（cm）

2 (1)「0分のとき 0 mm」，「2分のとき 10 mm」，「4分のとき 20 mm」，…と点をうっていき，それらを直線で結《むす》びます。

(2)横のじくの 5 の目もりを上にたどるとわかります。

3 (1)お父さんの今の年れいは 35 才。それから 10 年後は，35+10=45（才）

(2)2 人とも，1 年たつごとに，必《かなら》ず 1 才ずつ年をとるから，差はいつも同じです。

4 (1)表を見ると，水は 1 時間に 8 cm ずつ深くなります。

(2)8×12=96（cm）

(3)1.2 m=120 cm，120÷8=15（時間）

11〜13 ステップ3　66〜67ページ

1 (1)㋐21　㋑34　㋒55　㋓17　㋔13　㋕30　㋖38　㋗47　㋘85

(2)1 題目

2 (1)(□−1)×4=○　(2)68 こ　(3)27 こ

3 (1)(万人) 全国の小学校の児童数《じどうすう》

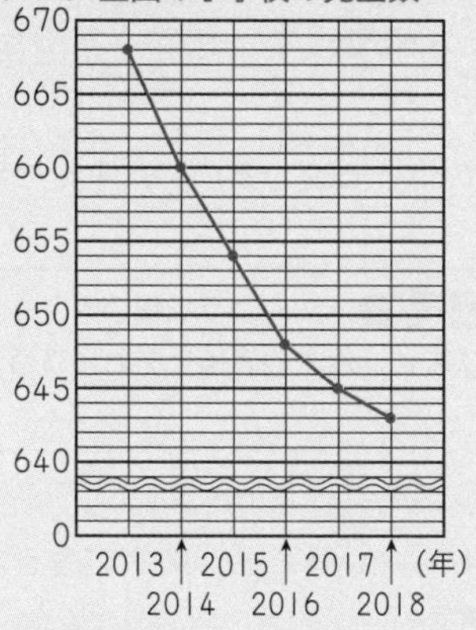

(2)だんだんへっている。

4 (1)3+2×(□−1)=○

(2)25 本

とき方

1 (1)全員の人数…㋘

2 題ともにできた人数…㋐

1 題目をまちがえた人数…㋕

2 題目をまちがえた人数…㋗

これらをもとにして，表をうめていくようにします。

(2)1 題目ができた人数は 55 人，2 題目ができた人数は 38 人です。

2 (1)右の図のように，1 辺《へん》の数が 3 このとき，まわりの数は

(3−1)×4=8 (こ)

と考えることができます。

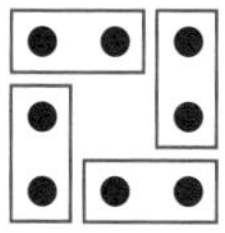

3 (1)千の位《くらい》を四捨五入《ししゃごにゅう》して万の位までのがい数にします。

4 (1)三角形の数が 1 こふえるごとに，ぼうの数が 2 本ずつふえていることに目をつけます。

三角形の数が 3 このとき，3+2+2=7 (本)

三角形の数が 4 このとき，

3+2+2+2=9 (本)

よって，三角形の数が□このとき，

3+2×(□−1)=○

14 角の大きさ

ステップ 1　68〜69ページ

1 (1)90° (2)60° (3)120° (4)100°

(5)240° (6)225°

2 (1)　(2)　(3)

3 ㋐45° ㋑90° ㋒45° ㋓60° ㋔90°

㋕30°

4 (1)角ウ (2)角エ

とき方

1 (5)印《しるし》のついていない方の角をはかると 120° だから，360°−120°=240°

別のとき方

右の図のように線をひくと，●印の角をはかることができ，60° です。

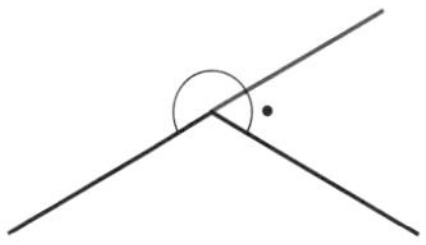

よって，180°+60°=240°

(6)印のついていない方の角をはかると，135° だから，360°−135°=225°

2 (3)210° を分度器《ぶんどき》ではかることはできないので，360°−210°=150° の角をかきます。150° の反対側《はんたいがわ》が 210° になります。

3 三角じょうぎの角度は，覚《おぼ》えておきましょう。問題をとくときに使うことがよくあります。

> **ここに注意** 三角形の内にある 3 つの角をあわせると，180° (2 直角) になります。

4 2 本の直線が交わったとき，向かい合った角は等しくなります。

ステップ 2　70〜71ページ

1 (1)130° (2)45° (3)285° (4)60°

2 (1)65° (2)40° (3)80° (4)60°

3 (1)㋐120° ㋑135° (2)㋐135° ㋑105°

4 (1)① 150° ② 120° ③ 105°

(2)360° (3)6° (4)30° (5)0.5°

(6)3 時間 (7)45 分

とき方

1 直角(90°)，半回転の角(180°)，1 回転の角(360°)をもとに計算します。

(1)180°−50°=130°

(2)135°−90°=45°

(3)360°−45°−30°=285°

(4)90°−30°=60°

2 直線が交わってできる角度について考えるときは，向かい合う角(対頂角《たいちょうかく》)が同じ大きさになる

ことに注目します。

(1) $180^\circ-65^\circ-50^\circ=65^\circ$

(2) $180^\circ-90^\circ-50^\circ=40^\circ$

(3) $110^\circ-(180^\circ-150^\circ)=80^\circ$

(4) $120^\circ-60^\circ=60^\circ$

3 三角じょうぎの角をもとに考えます。

(1)㋐ $180^\circ-60^\circ=120^\circ$　㋑ $180^\circ-45^\circ=135^\circ$

(2)㋐ $180^\circ-45^\circ=135^\circ$　㋑ $45^\circ+60^\circ=105^\circ$

> **ここに注意** 三角じょうぎのそれぞれの角の大きさは，覚えておくことがたいせつです。

4 (1)① はりが 12 から 1 までまわったときの角度は，

$360^\circ\div12=30^\circ$

よって，$30^\circ\times5=150^\circ$

③ 短いはりは，2 と 3 のちょうど真ん中のところにあるから，$30^\circ\div2+90^\circ=105^\circ$

(3) 60 分間で 360° だから，$360^\circ\div60=6^\circ$

(5) 短いはりは，1 時間に 30° まわることから，$30^\circ\div60=0.5^\circ$

(6) 1 時間に 30° だから，90° まわるには，$90^\circ\div30^\circ=3$ (時間)

(7) 1 分間に 6° まわるから，270° まわるには，$270^\circ\div6^\circ=45$(分)

> **ここに注意** 右の図のように，2 つの辺《へん》と 1 つの頂点があるとき，角は㋐と㋑の 2 つあります。問いの場面に合う角を選《えら》べるようにします。

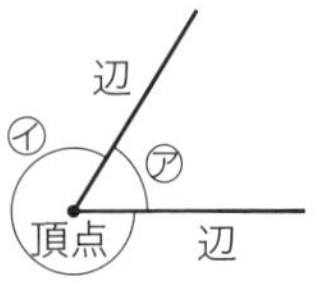

15 垂直と平行

ステップ 1　72~73ページ

1 (1)△　(2)○　(3)×　(4)×　(5)△　(6)○　(7)○　(8)×　(9)△

2 (1)

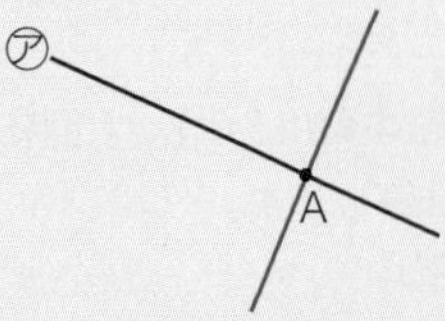

(2)

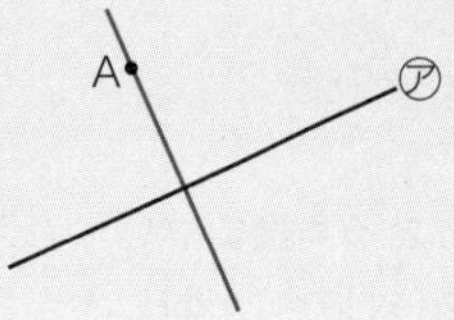

3 (1)角ウ，角オ，角キ　(2)角エ，角カ，角ク

4 (1)エ，キ　(2)ウ，オ

とき方

1 (3) 直線をのばすと交わるので，平行ではありません。

> **ここに注意** (7)のような場合も，一方の直線をのばすと，他方の直線と交わって直角ができます。

2 三角じょうぎを使ってかきます。

3 直線が交わっているとき，向かい合う角は同じ大きさです。
平行な直線に 1 本の直線が交わっているとき，**ア**と**オ**のように同じ向きにある角も同じ大きさになります。

4 (1) **ア**と**キ**のように交わっていなくても，のばしたときに直角に交わるものは垂直《すいちょく》です。

(2) **カ**と**ウ**のように，向きはぎゃくでも，直線で，はばがどこも同じものは平行です。

ステップ 2　74~75ページ

1

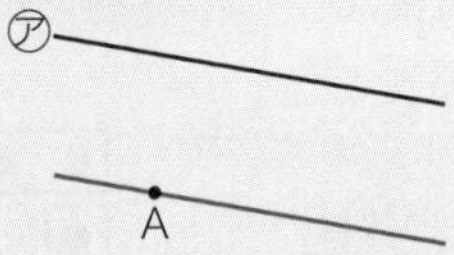

2 (1)角㋐ 110°　角㋑ 110°　(2) 180°

3 (1) 2 回　(2) 2 回

4 (1) 辺《へん》 AH (辺 AG，辺 HG)，
辺 BI (辺 BF，辺 IF)，
辺 CD (辺 CE，辺 DE)

(2) 辺 HI (辺 HD，辺 ID)，
辺 GF (辺 GE，辺 FE)

(3) 辺 AB (辺 AC，辺 BC)，
辺 HI (辺 HD，辺 ID)，
辺 GF (辺 GE，辺 FE)

(4) 辺 AH (辺 AG，辺 HG)，
辺 CD (辺 CE，辺 DE)

(5) 辺 CI (辺 CG，辺 IG)

(それぞれ，(　)の中の答えでもよい。)

5 (1)㋐ 135°　㋑ 45°　㋒ 135°

(2) 60°

(3) 109°

とき方

1 平行な直線は次のようにかきます。

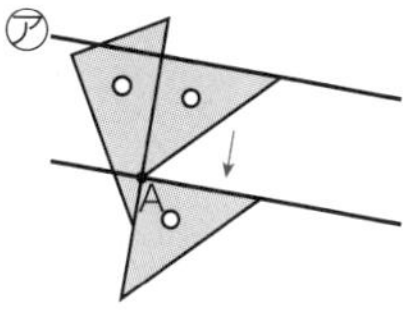

2 (2) 右の図で，角㋔と角㋓の大きさは等しい。そして，角㋔と角㋒の和は 180° だから，角㋒と角㋓の和は，180° です。

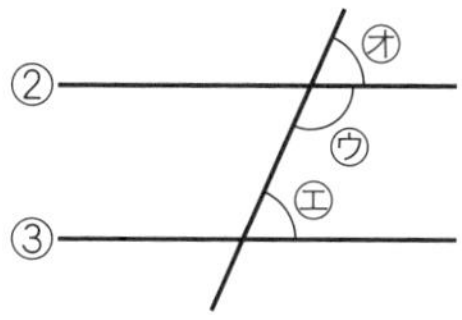

> **ここに注意** 直線①と直線②が平行で，直線②と直線③が平行だから，直線①と直線③も平行になります。

3 右の図のように，点Aが②，④にくるとき，レールと平行になります。また，点Aが①，③にくるときは垂直になります。

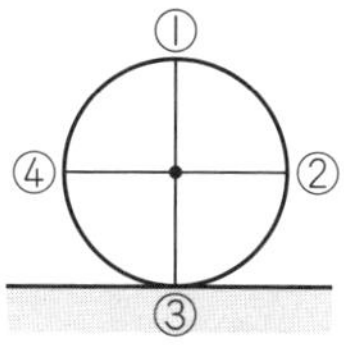

4 おり紙は正方形だから，右の図のように垂直・平行な辺ができます。

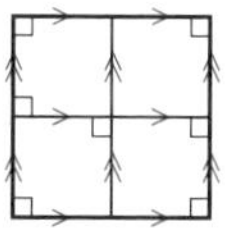

(5) 角 BAI=角 BCI=90°÷2=45°
よって，三角形 ACI について，
角 AIC＝180°−45°×2=90°

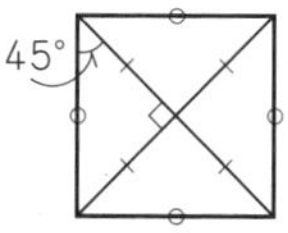

別のとき方 点 I のところでおり紙を半分に折《お》って，また半分に折るので，角 AIC は 360°÷4=90° です。

5 (1) 4 本の直線が，右の図のように交わるようになります。
よって，
角㋐=180°−45°
=135°
=角㋒

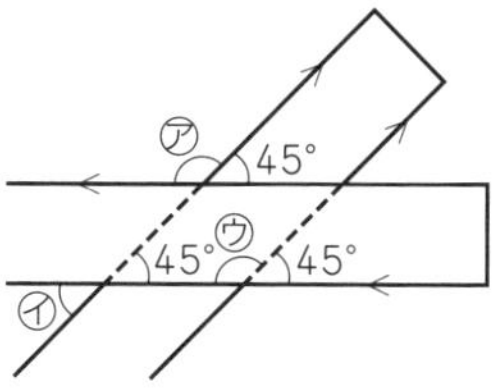

(2) 右の図のように，60° で折り曲げたのだから，
角 ABC=60°
角㋓は，180°−60°×2=60°

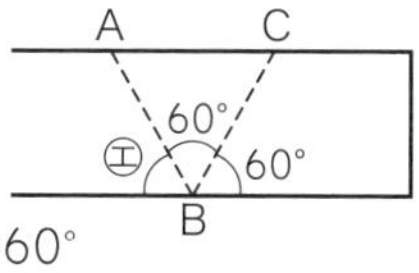

(3) 右の図のように，38° で折り曲げたのだから，角㋕は，(180°−38°)÷2
=71° です。角㋕と角㋖の和は 180° だから，角㋖は 180°−71°=109°
角㋔と角㋖は等しいから，角㋔の大きさは 109° です。

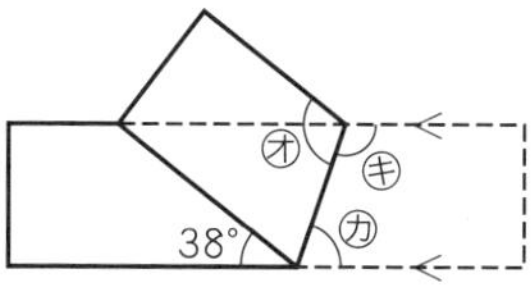

16 四角形

ステップ 1　76~77ページ

1 (1) 正方形　(2) 長方形　(3) ひし形
(4) 平行四辺形《へいこうしへんけい》　(5) 台形　(6) 平行四辺形

2 (1)

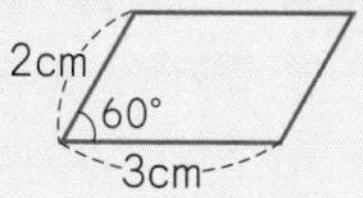

(2)

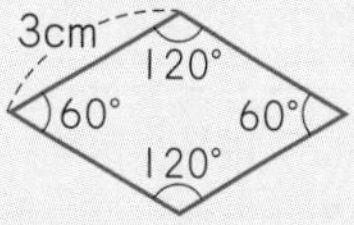

3 (1)

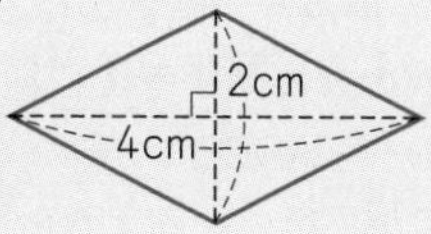

(2)

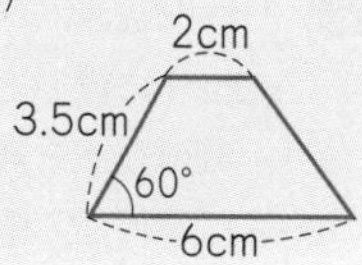

4 ㋐ 8 cm　㋑ 130°　㋒ 50°　㋓ 5 cm
㋔ 130°　㋕ 110°　㋖ 130°　㋗ 5 cm

とき方

3 (1) ひし形の 2 本の対角線は垂直《すいちょく》に，それぞれの真ん中の点で交わります。

> **ここに注意** 対角線 2 本によって，四角形の 4 つの頂点《ちょうてん》の位置《いち》が決まります。だから，この 4 点を結《むす》ぶと四角形をつくれます。

4 ㋐から㋔は平行四辺形のせいしつを使います。
㋑ 180°−50°=130°
㋕は，台形のせいしつ(平行な直線のせいしつ)を使います。
㋕ 180°−70°=110°
㋖と㋗はひし形のせいしつを使います。

ステップ 2　78~79ページ

1 (1) ア，イ，オ，キ，ク，コ，サ
(2) ア，キ，コ，サ
(3) ア，オ，キ，ク

2

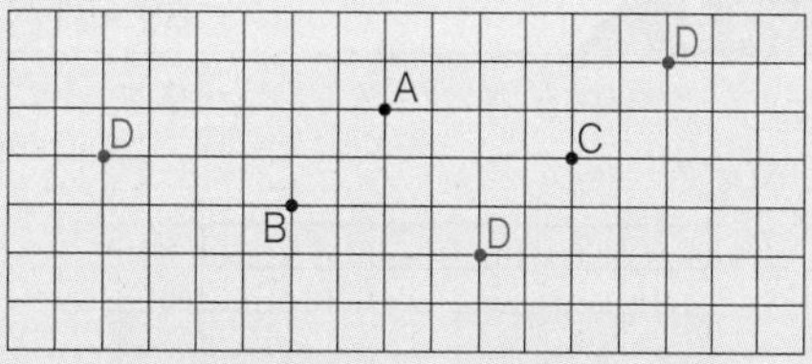

3 (1) ひし形　(2) 正方形　(3) 平行四辺形

4 (1) 5 本　(2) 9 本　(3) 20 本

5 (1) (例《れい》)

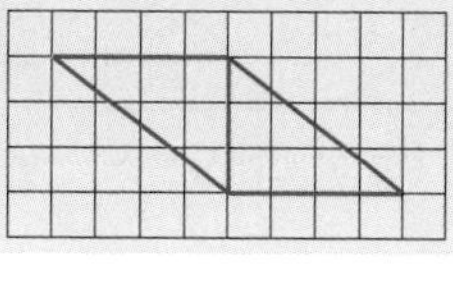

(2)(例)

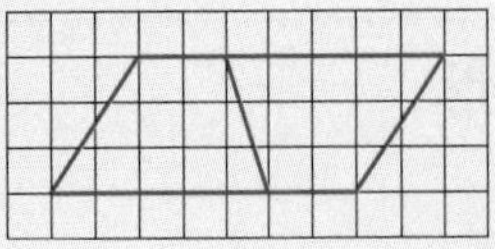

とき方

❶ (1)正方形，ひし形，長方形，平行四辺形のすべてがあてはまります。

(2)4つの角が同じということは，4つとも90°ということになるから，正方形，長方形があてはまります。

(3)正方形，ひし形があてはまります。

❷ 平行四辺形の4つの頂点を，時計のはりと反対まわりに読むと，次の3種類《しゅるい》が考えられます。

・ABCD　・ABDC　・ADBC

それぞれ，2組の辺が平行になるように，点Dをかきこみます。

❸ 2本の対角線の交わり方の特《とく》ちょうから，あてはまる四角形の種類を見つけます。

ここに注意 四角形の2本の対角線には，次のような特ちょうがあります。

平行四辺形
それぞれの真ん中の点で交わる。

ひし形
それぞれの真ん中の点で垂直に交わる。

長方形
長さが等しく，それぞれの真ん中の点で交わる。

正方形
長さが等しく，それぞれの真ん中の点で垂直に交わる。

❺ 同じ図形の同じ長さの辺をあわせてつくります。

17 四角形の面積

ステップ1　80~81ページ

❶ (1)4こ　(2)6こ　(3)4こ　(4)9こ
(5)4こ　(6)4こ　(7)15こ　(8)12こ

❷ (例《れい》)

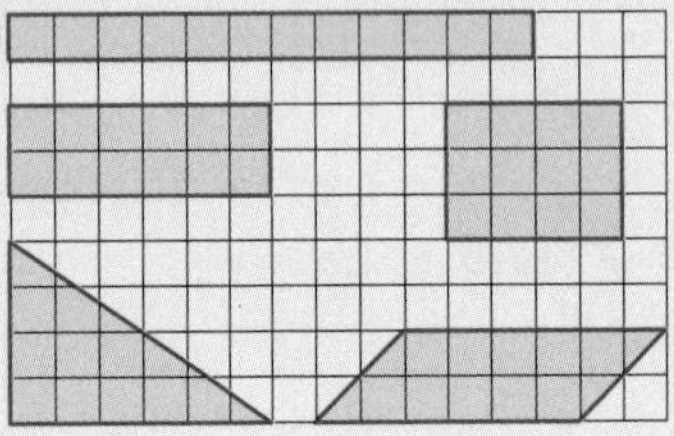

❸ ウのほうが1 cm^2 広い。

とき方

❶ (3)2つの三角形をあわせて1つ分の正方形の大きさになります。

(6)ひし形を対角線で4つの三角形に分けると，2つの三角形をあわせて2つ分の正方形の大きさになります。

ここに注意 形の中の一部分を動かしてつないでも，面積《めんせき》は変《か》わりません。だから，数えやすいように，正方形に形を変える見方ができるようにしましょう。

❷ 1目もりが1 cmだから，12 cm^2 になる形は正方形12こ分です。正方形や長方形の形をななめに切りはなして動かすと，いろいろな形をつくることができます。

❸ **イ**は，3×5=15 (cm^2)
ウは，4×4=16 (cm^2)
よって，16−15=1 (cm^2)

ステップ2　82~83ページ

❶ (1)9 cm^2　(2)10 cm^2　(3)10.5 cm^2
(4)18 cm^2

❷ (1)64 cm^2　(2)50 cm^2　(3)60 cm^2

❸ (1)5 cm　(2)8 cm

❹ (1)261 cm^2　(2)260 cm^2　(3)150 cm^2
(4)112 cm^2

❺ (1)8 cm　(2)9 cm

❻ 15 cm

とき方

❶ 一部分を切りはなして動かし，「正方形何こ分の大きさなのか」という見方ができると，面積がわかります。

(3)正方形9つ分でできる正方形の上に，正方形1こ分と半分の大きさがあります。だから，
9+1+0.5=10.5 (cm^2)

❷ 辺の長さがわかる正方形や長方形の面積は，「たての長さ×横の長さ」で求《もと》めることができます。
(1)8×8=64 (cm^2)
(2)5×10=50 (cm^2)
(3)20×3=60 (cm^2)

❸ (1)40÷8=5 (cm)
(2)96÷12=8 (cm)

❹ (1)9×(9+12)+6×12=261 (cm^2)
(2)15×20−8×5=260 (cm^2)
(3)15×(5+5)=150 (cm^2)

(4) 10×12−2×4=112 (cm^2)

別のとき方　(1) (9+6)×(9+12)−6×9

=261 (cm^2)

(3) 5×5×6=150 (cm^2)

5 「面積=たての長さ×横の長さ」だから，
「横の長さ=面積÷たての長さ」で求めることができます。

(1) 12×12÷18=8 (cm)

(2) 12×12÷16=9 (cm)

6 長方形㋐の面積は全体の半分だから，

25×48÷2=600 (cm^2)

600÷40=15 (cm)

18 大きな面積の単位

ステップ 1　84〜85ページ

1 (1) km^2　(2) m^2　(3) cm^2　(4) ha　(5) a

2 (1) 10000　(2) 0.5　(3) 43000
(4) 2000000　(5) 0.65　(6) 800000

3 (1) 625 m^2　(2) 48 a　(3) 1.4 ha

4 (1) 32000 cm^2，3.2 m^2
(2) 4200 m^2，42 a

とき方

1 (1) 1000 m=1 km だから，1 km×1 km=1 km^2

(4) 100 m×100 m=1 ha です。

(5) 10 m×10 m=1 a です。(4)と(5)をもとにすると，1 ha=100 a

2 (1) 1 m=100 cm だから，

1 m^2=100 cm×100 cm=10000 cm^2

(2)(1)の答えを半分にすると，

0.5 m^2=5000 cm^2

(4) 1 km=1000 m だから，

1 km^2=1000 m×1000 m=1000000 m^2

これを2倍して，2 km^2=2000000 m^2

3 (2) 60×80=4800 (m^2)

1 a=100 m^2 だから，4800÷100=48 (a)

(3) 200×70=14000 (m^2)

1 ha=10000 m^2 だから，

14000÷10000=1.4 (ha)

ここに注意　面積《めんせき》を求《もと》める公式は，辺《へん》の長さの単位《たんい》が m や km のときも使えます。
a や ha については，
1 a=10 m×10 m，1 ha=100 m×100 m をもとにして考えて，1 a=100 m^2，
1 ha=10000 m^2 を出せるようにしておきましょう。

4 (1) 400×80=32000 (cm^2)

(2) 60×70=4200 (m^2)

4200÷100=42 (a)

ステップ 2　86〜87ページ

1 (1) 40000 cm^2　(2) 52000 cm^2　(3) 2 m^2
(4) 2000000 m^2　(5) 500000 m^2
(6) 40 a　(7) 30000 m^2　(8) 60 a

2 (1) cm^2　(2) m^2 (または a)　(3) km^2　(4) m^2

3 (1) 81 cm^2
(2) 45 cm^2
(3) 正方形のほうが 36 cm^2 広い。

4 748 m^2

5 12 m

6 48 cm^2

7 (1) 96 m^2
(2) 4 倍

とき方

1 (3) 10000 cm^2=1 m^2 だから，

20000 cm^2=2 m^2

(6) 100 m^2=1 a だから，

4000 m^2=40 a

(7) 1 ha=10000 m^2 だから，

3 ha=30000 m^2

(8) 1 ha=100 a だから，

0.6 ha=60 a

2 けたが大きくなりすぎたり，小数になったりすると，わかりにくいので，できるだけかんたんな数で表せる単位をえらびましょう。

3 (1) 36÷4=9 (cm)

9×9=81 (cm^2)

(2) 36÷2−15=3 (cm)

15×3=45 (cm^2)

(3) 81−45=36 (cm^2)

4 右の図のようにみても，花だんの面積は変《か》わりません。

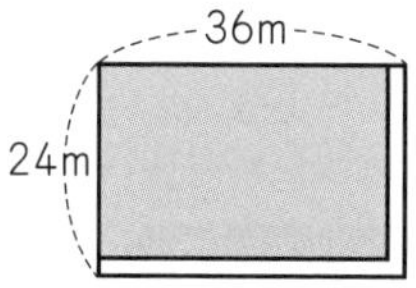

(24−2)×(36−2)

=22×34=748 (m^2)

5 池のまわりの土の面積が池の面積の2倍になるには，池をふくめた庭の面積が，池の2+1=3 (倍) になるようにします。

6×6×(2+1)÷9=36×3÷9=12 (m)

6 できた四角形はたこ形になります。そのせいしつを使うと，右の図のように，同じ面積の三角形が２つずつつくれます。

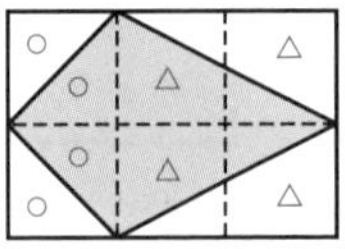

$8\times12\div2=48$ (cm^2)

7 (1) $8\times12=96$ (m^2)

(2) たて，横をどちらも２倍の長さに広げた面積は，$8\times2\times12\times2=8\times12\times4=96\times4$ (m^2) だから，もとの面積の４倍です。

19 直方体と立方体 ①

ステップ1 88～89ページ

1 (1) 直方体 (2) 立方体

2 (上から)面，辺《へん》，頂点《ちょうてん》

3

	面の形	面の数	辺の数	頂点の数
直方体	長方形か正方形	6	12	8
立方体	正方形	6	12	8

4 (1) 辺 AE，辺 AB，辺 DH，辺 DC

(2) 辺 EH，辺 FG，辺 BC

(3) 辺 AE，辺 DH，辺 BF，辺 CG

(4) 辺 EF，辺 FG，辺 GH，辺 EH

(5) 面 ABCD，面 DCGH，面 EFGH，面 ABFE

(6) 面 BCGF

(7) 3 本

とき方

4 直方体や立方体で，となり合った面どうしは，たがいに垂直なので，交わっている辺は必ず垂直に交わります。向かい合った面どうしは，たがいに平行なので，向かい合った辺は必ず平行になります。

辺や面の表し方は，頂点(点)に記号をつけて，辺 AB，面 ABCD とします。この表し方になれましょう。

ステップ2 90～91ページ

1 (1) 立方体 (2) 直方体 (3) 直方体

(4) 立方体 (5) 立方体 (6) 直方体

2 (1) 長方形，正方形，6，2，3

(2) 12，4，3

3 (1) (2)

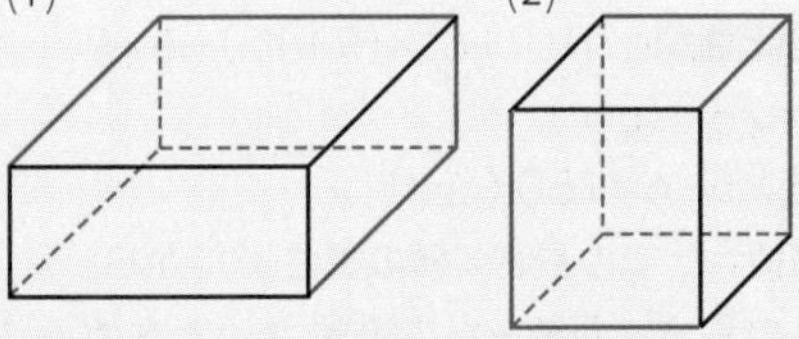

4 面㋐…28 cm^2 面㋑…12 cm^2

5 (1) たて 3 cm，横 8 cm の長方形…２まい

たて 3 cm，横 4 cm の長方形…２まい

たて 4 cm，横 8 cm の長方形…２まい

(2) 136 cm^2

6 (求め方の例《れい》)

この直方体には，同じ大きさの面が２つずつあり，高さはどこも 15 cm だから，

$25\times2+15\times6+20=160$ (cm)

(答え) 160 cm

とき方

3 とちゅうまでかいてある線は，実線だから，見える場所にある辺です。次の３点に気をつけて，続《つづ》きをかきましょう。

① 見えない場所の辺は点線で。

② 平行な辺は平行に。

③ 手前からおくに向かう辺は，ななめに。

4 直方体の面はすべて長方形です。

面㋐は辺の長さが 4 cm と 7 cm だから，

$4\times7=28$ (cm^2)

面㋑は辺の長さが 4 cm と 3 cm だから，

$4\times3=12$ (cm^2)

5 (2) 直方体の６つの面について，それぞれの面積《めんせき》の和を求《もと》めることになります。

$(3\times8+3\times4+4\times8)\times2=136$ (cm^2)

6 結《むす》び目の分をわすれないようにします。

20 直方体と立方体 ②

ステップ1 92～93ページ

1 (1) 点 L (2) 辺《へん》 FE (3) 辺 CD

(4) 面イ，面ウ，面エ，面オ

2 (例《れい》)

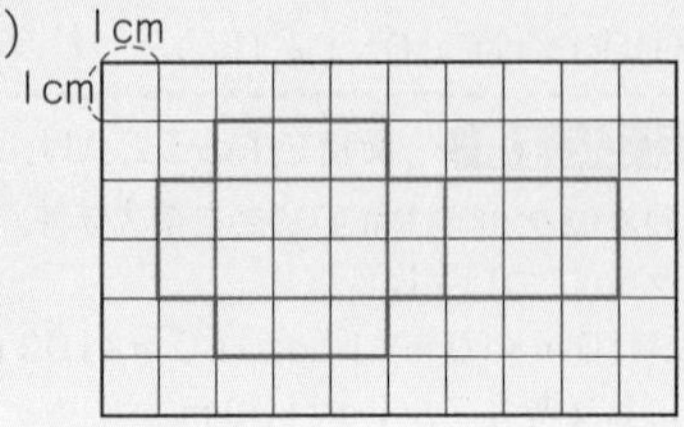

3 ア，ウ，オ

4 (1)点 C(3，1)　点 D(5，4)

(2)
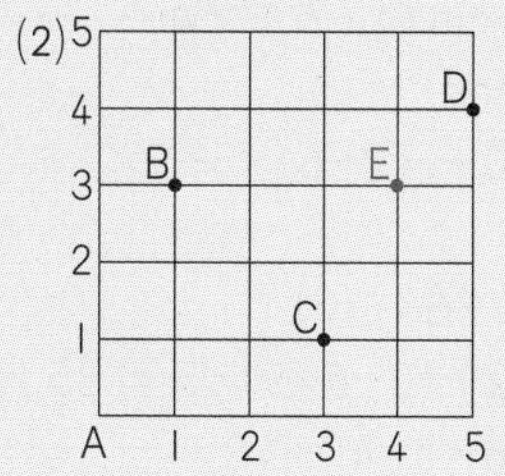

5 点 A(0 cm，0 cm，0 cm)
点 C(4 cm，3 cm，0 cm)
点 E(0 cm，0 cm，1 cm)

とき方

1 (1)(2)立方体のてん開図の問題では，間の角が 90° の 2 本の辺は重なるということが基本《きほん》です。

(3)てん開図で，4 つの正方形が 1 列にならんでいるときは，その両はしにある辺が重なります。

3 てん開図が正しいかどうかは，
①面の数は正しいか。
②組み立てたときに向かい合う面はどれか。
③重なってしまう面はないか。
などを考えます。

別のとき方　**オ** 立方体のてん開図は，間の角が 90° の 2 本の辺を重ねるように，90° だけ回転させると，わかりやすいてん開図に変《か》えることができます。

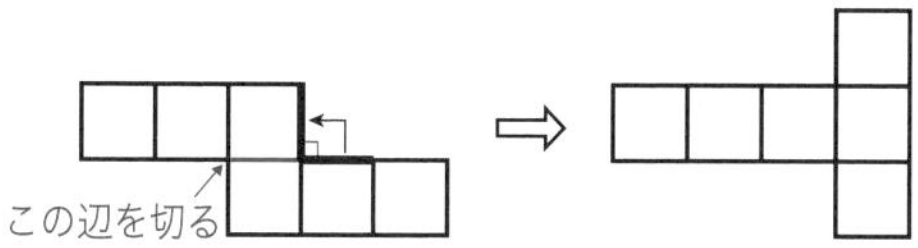

立方体になることがわかりやすいてん開図に変えることができれば，もとのてん開図も立方体にできるのだとわかります。

ここに注意　立方体のてん開図は次の 11 種類《しゅるい》です。

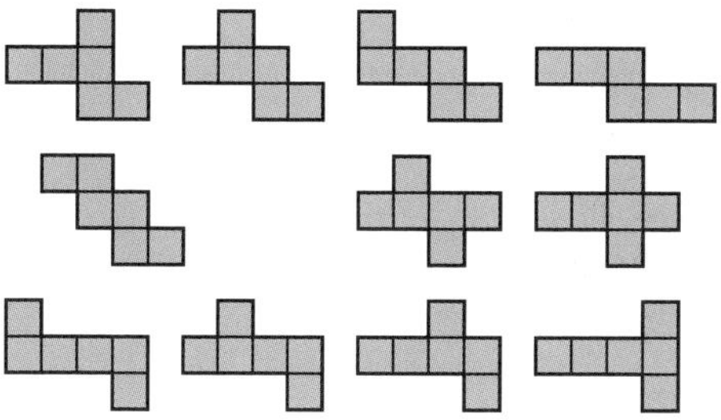

5 G の表し方から，この直方体は，横が 4 cm，たてが 3 cm，高さが 1 cm であるとわかります。G の表し方のように，cm という単位《たんい》もつけて答えます。

ステップ 2　94～95ページ

1 (1)点 A，点 C
(2)面ア，面ウ，面オ，面カ
(3)面イ，面エ
(4)辺 CD，辺 MH，辺 LI，辺 KJ

2 (1)面エ　(2)面アと面イ

3 エ

4 (1)①(7 m，4 m，1 m)
②(4 m，0 m，3 m)
③(0 m，2 m，3 m)
(2)①(7 m，0 m，1 m)
②(4 m，4 m，3 m)
③(0 m，2 m，3 m)

5 点 C(0，2，2)　点 D(3，3，2)
点 E(2，5，3)　点 F(1，4，4)

とき方

1 (1)4 つの長方形が 1 列にならんでいるときは，その両はしにある辺が重なります。これより，点 K と点 C が重なります。また，点 C と点 A は，間の角が 90° だから重なります。

(4)直方体にしたときは，辺 CD と辺 KJ は重なり，どちらも辺 BE と平行です。

2 (1)1 の目がかかれた面の向かい合う面が，どれになるかを考えます。

(2)2 の目の向かいは面**ウ**だから，5 の目になります。これと(1)から，残《のこ》った面**ア**，面**イ**に，3 と 4 の目がかかれるとわかります。

別のとき方　下の図のように，間の角が 90° の 2 本の辺を重ねるように，90° だけ回転させて，わかりやすいてん開図に変えて考えます。

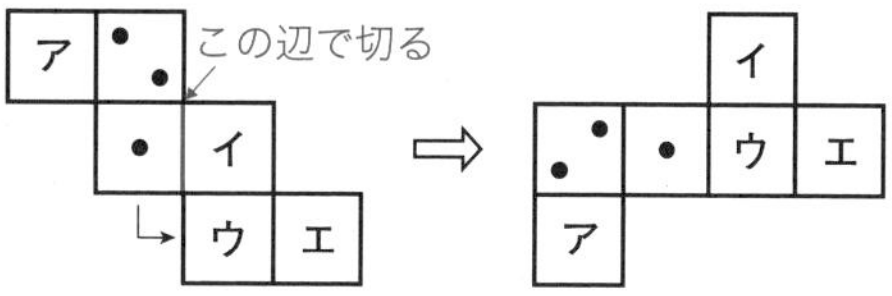

3 立方体のてん開図で，正方形が 4 つまっすぐにつながると，2 組の向かい合う面になります。だから，上にある 1 つの面の向かい合う面になるものを選《えら》びます。

4 点 G の表し方から，辺 AD，辺 BC の向きを横，辺 AB，辺 DC の向きをたてとみなします。

5 「たて」が数えにくいときは，真上から見た形を考えてみましょう。

14~20

ステップ 3

96~97ページ

1 (1)㋐ $100°$　㋑ $150°$　㋒ $230°$
(2)㋐ $135°$　㋑ $85°$　㋒ $275°$

2 ㋐ $118°$　㋑ $62°$

3 ㋐ $80°$　㋑ $130°$

4 (1)点 C，点 I　(2)辺《へん》 JK　(3) $54\ \mathrm{cm}^2$

5 (1) $135\ \mathrm{cm}^2$　(2) $268\ \mathrm{m}^2$

6 (1) 80 cm　(2) $250\ \mathrm{cm}^2$　(3) 96 cm

とき方

1 (1)㋐ $90°+40°-30°=100°$
㋑ $180°-30°=150°$
㋒ $90°-40°+180°=230°$
(2)㋐ $180°-45°=135°$
㋑ $180°-140°+45°=85°$
㋒ $135°+140°=275°$
別のとき方　(1)㋐ $90°-30°+40°=100°$
㋑ $90°-30°+90°=150°$
(2)㋒ $360°-85°=275°$

2 ①と②が平行より，
角㋒=角㋐
③と④が平行より，
角㋐=角㋓ だから，
角㋐+角㋑ $=180°$

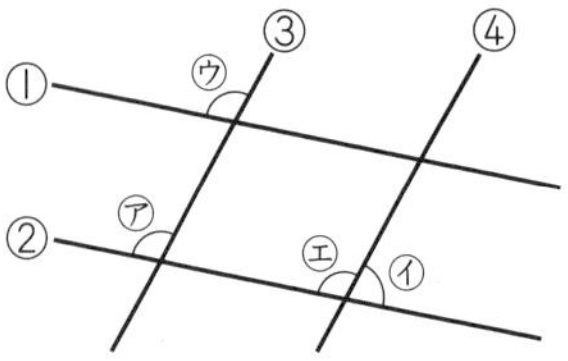

3 ㋒は，50° で折《お》り返したことから，50° になります。
㋐+㋒+50°=180°
より，㋐は 80°
① と ② は平行より，㋑+㋒=180°
㋑=180°−㋒=130°

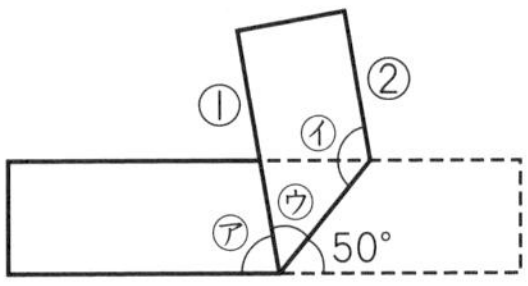

4 (1)点Aと点Cは，てん開図の間の角が 90° だから，重なります。点Aと点 I が重なることは，右の図のように，四角形 GHIJ を辺 FG と辺 HG が重なるように 90° だけ回転させると，わかりやすくなります。てん開図で，4 つの正方形が 1 列にならんでいるときは，両はしの辺が重なるので，点Aと点 I は重なります。

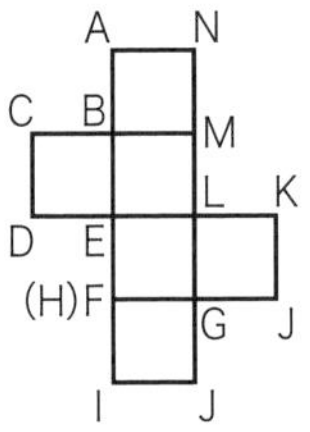

(2)右の図のように，長方形 LHIK を辺 ML と辺 KL が重なるように，90° だけ回転させると，辺 NM と辺 JK の間の角が 90° になるから，重なることがわかります。

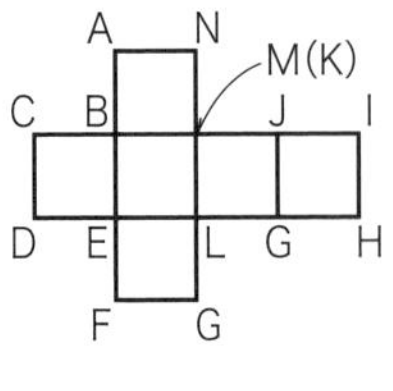

(3)どの面も 1 辺《べん》 3 cm の正方形だから，
$3\times3\times6=54\ (\mathrm{cm}^2)$

5 (1) $12\times(15-5-5)+(12-6)\times5+9\times5$
$=135\ (\mathrm{cm}^2)$
(2) $12\times25-8\times4=268\ (\mathrm{m}^2)$
別のとき方　(1) $(12+12-6+9)\times5=135\ (\mathrm{cm}^2)$

6 (1) $10\times4+(10-5)\times8=40+40$
$=80\ (\mathrm{cm})$
(2) $10\times10\times3-5\times5\times2=300-50$
$=250\ (\mathrm{cm}^2)$
(3) $10\times4+(10-3)\times8=40+56$
$=96\ (\mathrm{cm})$
別のとき方　(1)右の図のようにみると，1 辺 10 cm の正方形が 2 まい分になります。
$10\times4\times2=80$

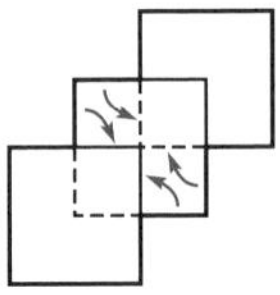

または，右の図のように 1 辺 20 cm の正方形のまわりの長さと同じになります。
$20\times4=80\ (\mathrm{cm})$

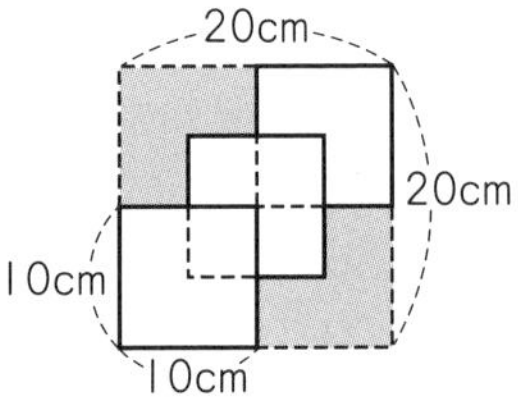

(3)右の図のように，考えられます。
$24\times4=96\ (\mathrm{cm})$

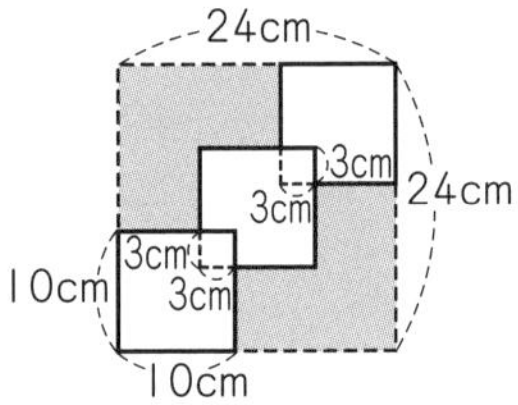

21 植木算

ステップ 1

98~99ページ

1 13 本

2 6 m

3 17 本

4 4 m

5 25 本

6 256 m

とき方

1 間の数は $96\div8=12$ (こ)
木の本数は，$12+1=13$ (本)

ここに注意　木と木の間を同じ長さにして木を植えるとき，

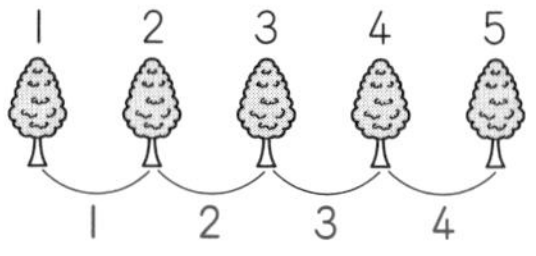

木の数=間の数+1

2 間の数は，14−1=13（こ）
木と木の間の長さは，78÷13=6（m）

3 間の数は，112÷7=16（こ）
コーンの本数は，16+1=17（本）

4 12 人の人が立っていて，両はしには人ではなく電柱が立っているから，間の数は 13 こ，間の長さは，52÷13=4（m）

5 間の数は 300÷12=25（こ）で，池のまわりに木を植えるとき，木の数と間の数は同じだから，25 本。

ここに注意　池のまわりに，木と木の間を同じ長さにして木を植えるとき，

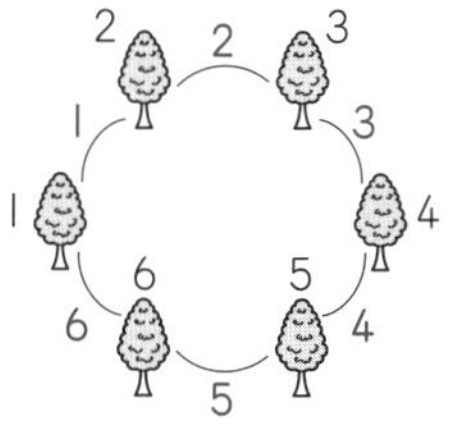

木の数=間の数

6 池のまわりに 32 本の木を植えるとき，間の数は 32 こだから，8×32=256（m）

ステップ2　100~101ページ

1 (1)26 本　(2)24 本
2 (1)17 本　(2)48 本
3 8 か所
4 (1)48 m　(2)35 人
5 (1)21 本　(2)5 m
6 35 分

とき方

1 (1)200÷8+1=26（本）
(2)360÷15=24（本）

2 (1)間の数は 128÷8=16（こ）
木の数は 16+1=17（本）
(2)1 つの間 8 m に，2 m おきに花を植えるので，この 8 m の両はしには，花ではなく木が立っています。1 つの間の花は，8÷2−1=3（本）
花は全部で，3×16=48（本）

3 288 cm のロープを 32 cm ずつに切り分けると，288÷32=9（本）に分かれます。もとのロープの両はしは，切る場所ではないから，切る場所は，9−1=8（か所）

4 (1)間の数は 8−1=7（こ）
電柱と電柱の間は，336÷7=48（m）
(2)1 つの間 48 m に，8 m おきに人が立つので，この 48 m の両はしには，人ではなく電柱が立っています。1 つの間の人は，
48÷8−1=5（人）
人は全部で，5×7=35（人）

5 (1)池のまわりに木を植えるから，間の数と木の数は同じです。735÷35=21（本）
(2)木と木の間の 35 m に 6 本の花を植えるから，両はしには，花ではなく木が立っています。
花を植えるときの間の数は，6+1=7（こ）
花は 35÷7=5（m）おきに植えます。

6 12 m=1200 cm だから，150 cm の材木《ざいもく》の本数は，1200÷150=8（本）

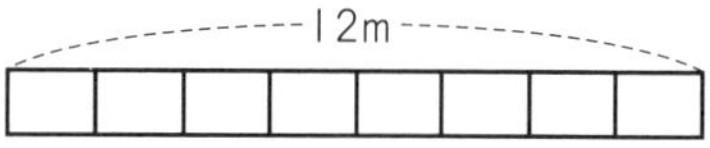

切り口は，図のように 7 か所あります。すべて切り終わるまでにかかる時間は，
5×7=35（分）

22 きまりをみつけてとく問題

ステップ1　102~103ページ

1 (1)■(四角)　(2)▲(三角)
2 (1)25
(2)(例《れい》) 1 から始まり，4 ずつふえています。
3 (1)ぼう…25 本　石…18 こ
(2)11 こ　(3)16 こ
4 (1)44 こ　(2)21 こ

とき方

1 ■，▲，●が，この順番《じゅんばん》でならんでいます。
(1)13÷3=4 あまり 1　よって，1 番目の■
(2)50÷3=16 あまり 2　よって，2 番目の▲

3 正方形のこ数と，ぼうの本数，石のこ数を表にまとめると，次のようになります。

正方形	1	2	3	4	……
ぼう	4	7	10	13	……
石	4	6	8	10	……

ぼう…4 から始まり，3 ずつふえている
石……4 から始まり，2 ずつふえている
(1)正方形 8 このとき，
ぼう…4+3×7=25 (本)
石……4+2×7=18 (こ)
(2)ぼうが 34 本のとき，正方形 1 つ分のぼう 4 本をひいて，34−4=30 (本)
30÷3=10 より，3 本ずつ 10 回ふえるから，
10+1=11 (こ)
(3)石が 34 このとき，正方形 1 つ分の石 4 こをひいて，34−4=30 (こ)
30÷2=15 より，2 こずつ 15 回ふえるから，
15+1=16 (こ)

4 (1) 1 辺《へん》のご石は 12 こで，4 つの辺があります。
12×4=48 (こ) だと，四すみのご石を 2 回ずつ数えているから，48−4=44 (こ)
(2)(1)の考え方から，合計のご石に 4 こ加《くわ》えてから 4 でわれば，1 辺のご石のこ数が求《もと》められるので，(80+4)÷4=21 (こ)

別のとき方 ご石の合計を 4 でわったものは，1 辺のご石のこ数よりも 1 だけ少ないから，
80÷4+1=21 (こ)

ここに注意 右の図のように，ご石を正方形の形にならべるとき，全部のご石の数は，(1 辺のご石の数−1)×4 にあてはめて求められます。また，1 辺のご石の数は，(全部のご石の数)÷4+1 にあてはめて求められます。

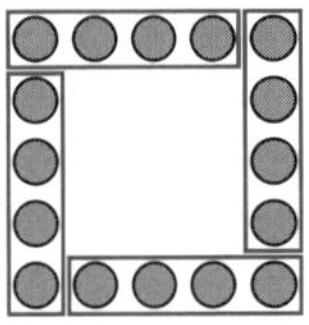

ステップ 2 104～105ページ

1 (1)白
(2)白…17 こ　黒…35 こ

2 (1)71
(2)26 番目

3 22 こ

4 (1)全部…98 こ　いちばん外側《そとがわ》…38 こ
(2)144 こ

5 (1)ぼう…30 本　石…15 こ
(2)(求め方の例)
ぼうの本数は，頂点《ちょうてん》が上を向いた三角形のこ数の 3 倍です。
ぼうが 108 本のとき，三角形は
108÷3=36 (こ)
三角形のこ数は，1 だん目から順番に，
1，2，3，…… であり，
1+2+3+4+5+6+7+8=36 だから，
上から 8 だん目まですべてならべると，
ぼうは 108 本になります。
(答え) 8 だん目

とき方

1 (1){●○●} のならびをくり返しています。
35÷3=11 あまり 2 より，{●○●} のならびを 11 回くり返し，あと 2 こあるので，35 番目は○です。
(2)52÷3=17 あまり 1 より，{●○●} のならびを 17 回くり返し，あと 1 こあります。
○のこ数は 17 こ，
●のこ数は 2×17+1=35 (こ)

2 5 から始まり，6 ずつふえています。
(1)5+6×11=71
(2)155 から 1 つ目の数 5 をひいて，
155−5=150，150÷6=25 より，6 ずつ 25 回ふえるから，25+1=26 (番目)

3 正三角形のこ数と，竹ひごの本数を表にまとめると，次のようになります。

正三角形	1	2	3	4	……
竹ひご	3	5	7	9	……

竹ひご…3 から始まり，2 ずつふえている
竹ひごが 45 本のとき，正三角形 1 つ分の 3 本をひいて，45−3=42 (本)
42÷2=21 より，2 本ずつ 21 回ふえるから，
正三角形は 21+1=22 (こ)

4 (1)全部で，7×14=98 (こ)
いちばん外側は，全部から「たて 5 こ，横 12 こ」ならべた分をひいて，
98−5×12=38 (こ)
(2)46 こから両側のたてにならんだ 9 こ分ずつをひいて，46−9×2=28 (こ) だから，よこにならんだこ数は，28÷2+2=16 (こ)
このとき全部で，9×16=144 (こ)

5 (1)頂点が上を向いた三角形のこ数は，
1+2+3+4=10 (こ)
ぼうの本数はこの 3 倍だから，
3×10=30 (本)
石のこ数は 1 だん目で，1+2=3 (こ)
4 だん目までは，1+2+3+4+5=15 (こ)

23 つるかめ算

ステップ 1　106~107ページ

1 (1)11 こ　(2)5 こ
2 18 まい
3 8 さつ
4 3 本
5 80 円のノート…9 さつ
　150 円のノート…5 さつ

とき方

1 16 こ全部を 50 円のクッキーとしたら,
50×16=800 (円)
50 円のクッキーを 80 円のクッキーにかえると,
1 こにつき 80−50=30 (円) ずつふえていきます。
80 円のクッキーは, (950−800)÷30=5 (こ)
50 円のクッキーは, 16−5=11 (こ)

2 32 まい全部を 5 円玉としたら,
5×32=160 (円)
5 円玉を 10 円玉にかえると, 1 まいにつき
10−5=5 (円) ずつふえていきます。
(250−160)÷5=18 (まい)

3 15 さつ全部を 100 円のノートとしたら,
100×15=1500 (円)
100 円のノートを 120 円のノートにかえると,
1 さつにつき 120−100=20 (円) ずつふえていきます。
120 円のノートは,
(1640−1500)÷20=7 (さつ)
100 円のノートは, 15−7=8 (さつ)
別のとき方 右の面積《めんせき》図《ず》で色のついた部分㋐の面積は,
1640−100×15
=140 (円)

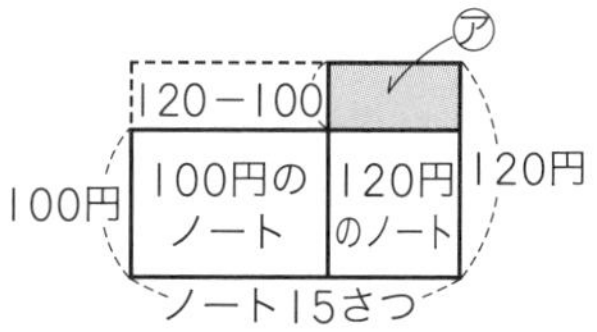

120 円のノートは,
140÷(120−100)=7 (さつ)
よって, 100 円のノートは,
15−7=8 (さつ)

4 9 本全部を 110 円のジュースとしたら,
110×9=990 (円)
110 円のジュースを 140 円のジュースにかえると, 1 本につき 140−110=30 (円) ずつふえていきます。
140 円のジュースは,
(1080−990)÷30=3 (本)
別のとき方 ㋐の面積は,
1080−110×9=90 (円)
140−110=30 (円)
90÷30=3 (本)

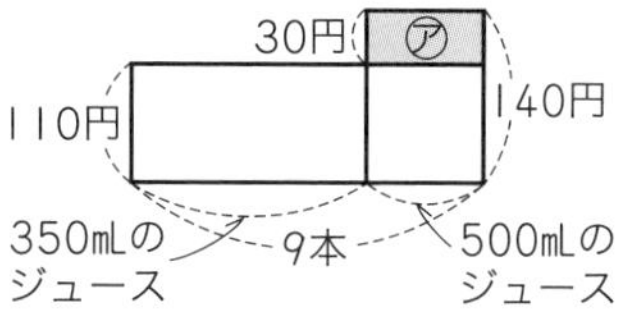

5 14 さつ全部を 80 円のノートとしたら,
80×14=1120 (円)
80 円のノートを 150 円のノートにかえると,
1 さつにつき 150−80=70 (円) ずつふえていきます。
150 円のノートは,
(1470−1120)÷70=5 (さつ)
80 円のノートは, 14−5=9 (さつ)

ステップ 2　108~109ページ

1 10 きゃく
2 (1)12 回　(2)21 回
3 41 人
4 (1)129 点　(2)14 回
5 (1)17 きゃく　(2)12 きゃく
6 40 円…7 まい
　70 円…14 まい
　110 円…14 まい

とき方

1 38 きゃく全部を 3 人がけとしたら,
3×38=114 (人) 分の席《せき》になります。
3 人がけを 4 人がけにかえると, 1 きゃくにつき 4−3=1 (人) ずつふえていきます。
4 人がけのいすは,
(142−114)÷1=28 (きゃく)
3 人がけは, 38−28=10 (きゃく)

2 (1)20 回全部を 2 点としたら, 2×20=40 (点) になります。
2 点を 5 点にかえると, 1 回につき
5−2=3 (点) ずつふえていきます。
5 点は (76−40)÷3=12 (回)
(2)60 回全部を 2 点としたら, 2×60=120 (点) になります。
5 点は (183−120)÷3=21 (回)

3 右の図で，㋐は1番だけが正かいの人。㋑は1番，2番ともに正かいの人。

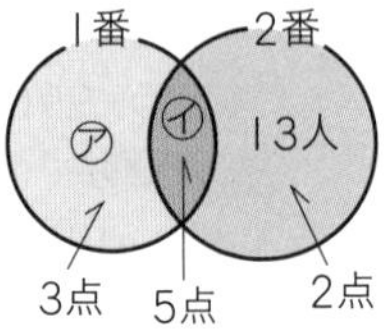

㋐+㋑ の人数は，
87−13=74（人）
2×13=26（点）
全員の合計とく点は314点だから，㋐+㋑ の合計とく点は，314−26=288（点）
㋑の人数は，
(288−3×74)÷(5−3)=33（人）
よって，㋐の人数は，74−33=41（人）

4 (1)3回勝って2回負けます。
よって，100+13×3−5×2=129（点）
(2)20回全部負けたとすると，
100−5×20=100−100=0（点）
勝った回数は，252÷(5+13)=14（回）

5 (1)23きゃく全部を6人がけとしたら，
6×23=138（人）分の席になります。
6人がけを13人がけにかえると，1きゃくにつき 13−6=7（人）ずつふえていきます。
13人がけは，
(180−138)÷7=6（きゃく）
6人がけは，23−6=17（きゃく）
(2)28きゃく全部を9人がけとしたら，
9×28=252（人）
5人がけと7人がけは同じ数なので，「9人がけ2きゃく」を「5人がけ1きゃくと7人がけ1きゃく」にかえると，
9×2−(5+7)=6（人）ずつへっていきます。
したがって，5人がけの長いすの数は，
(252−180)÷6=12（きゃく）

6 35まい全部を110円のカードとしたら，
110×35=3850（円）
70円のカードが40円のカードの2倍のまい数なので，「110円のカード3まい」を「70円のカード2まいと40円のカード1まい」にかえると，110×3−(70×2+40)=150（円）ずつへっていきます。
したがって，40円のカードのまい数は，
(3850−2800)÷150=7（まい）
70円のカードのまい数は，
7×2=14（まい）
110円のカードのまい数は，
35−7−14=14（まい）

24 過不足算

ステップ1

110～111ページ

1 (1)8人 (2)30こ
2 7人
3 6人
4 82まい
5 90
6 子どもの人数…8人　あめ玉…23こ

とき方

1 (1)差《さ》の集まりは，6+10=16（こ）
1人分の差は，5−3=2（こ）
人数は，16÷2=8（人）
(2)3×8+6=30（こ）
または 5×8−10=30（こ）

2 差の集まりは14こだから，1人分の差は，
4−2=2（こ）
人数は，14÷2=7（人）

3 差の集まりは，15−3=12（こ）
1人分の差は，19−17=2（こ）
人数は，12÷2=6（人）

4 差の集まりは，10+8=18（まい）
1人分の差は，5−4=1（まい）
人数は，18÷1=18（人）
おり紙のまい数は，5×18−8=82（まい）
または 4×18+10=82（まい）

5 差の集まりは36まいだから，1人分の差は，
5−3=2（まい）
人数は，36÷2=18（人）
金貨《きんか》のまい数は，5×18=90（まい）
または 3×18+36=90（まい）

6 差の集まりは，17−1=16（こ）
1人分の差は，5−3=2（こ）
人数は，16÷2=8（人）
あめ玉のこ数は，5×8−17=23（こ）
または 3×8−1=23（こ）

ステップ2

112～113ページ

1 カードのまい数…9まい
おこづかい…960円
2 6人
3 41人
4 長いす…10きゃく　児童《じどう》の人数…42人

5 ふくろ…5 まい　みかん…34 こ
6 子ども…19 人　クッキー…72 こ
7 (1) 17 こ　(2) 5500 円

とき方

1 差の集まりは，150+30=180 (円)
1 まいあたりの差は，110−90=20 (円)
カードのまい数は，180÷20=9 (まい)
おこづかいは，90×9+150=960 (円)
または 110×9−30=960 (円)

2 差の集まりは 6 本だから，1 人分の差は，
6−5=1 (本)
人数は，6÷1=6 (人)

3 差の集まりは，5+1=6 (人)
1 きゃくあたりの差は，7−6=1 (人)
長いすの数は，6÷1=6 (きゃく)
子どもの数は，6×6+5=41 (人)
または 7×6−1=41 (人)

4 差の集まりは，6×3+2=20 (人)
1 きゃくあたりの差は，6−4=2 (人)
長いすの数は，20÷2=10 (きゃく)
児童の人数は，4×10+2=42 (人)
または 6×10−18=42 (人)

5 差の集まりは，9+6=15 (こ)
ふくろ 1 まいあたりの差は，8−5=3 (こ)
ふくろのまい数は，15÷3=5 (まい)
みかんは，5×5+9=34 (こ)
または 8×5−6=34 (こ)

6 5 こずつ配ったときは，参加《さんか》する予定だった 4 人分をあわせて，5×4+3=23 (こ) 不足したことになります。
差の集まりは，15+23=38 (こ)
1 人分の差は，5−3=2 (こ)
人数は，38÷2=19 (人)
クッキーは，3×19+15=72 (こ)
または 5×15−3=72 (こ)

7 390 円で，たのまれたこ数よりも 3 つだけ少ないこ数を買って 40 円あまったので，
390×3−40=1130 (円) 不足したことになります。
差の集まりは，60+1130=1190 (円)
1 こあたりの差は，390−320=70 (円)
たのまれたこ数は，1190÷70=17 (こ)
あずかったお金は，320×17+60=5500 (円)
または 390×14+40=5500 (円)

25 年れい算

ステップ 1

114~115ページ

1 10 年後
2 (1) 16 年後　(2) 5 年前
3 16 才
4 12 年前
5 3 日後
6 18 年後

とき方

1 3 倍になるのが□年後とすると，次の図のようになります。

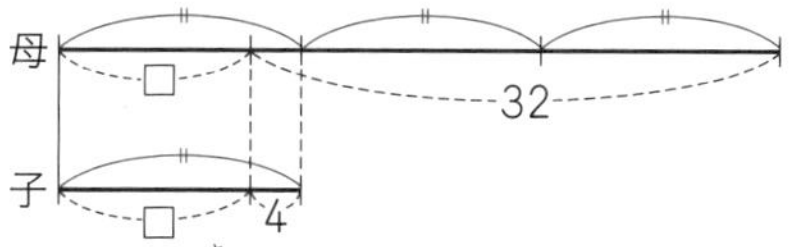

年れいの差《さ》は 32−4=28 (才) で，これは子どもの年れいの 3−1=2 (倍) です。
□年後の子どもの年れいは，28÷2=14 (才)
よって，14−4=10 (年後)

2 (1) 年れいの差は 40−12=28 (才) で，これは 2 倍になるときの子どもの年れいと同じです。
よって，28−12=16 (年後)
(2) 5 倍だったのが□年前とすると，次の図のようになります。

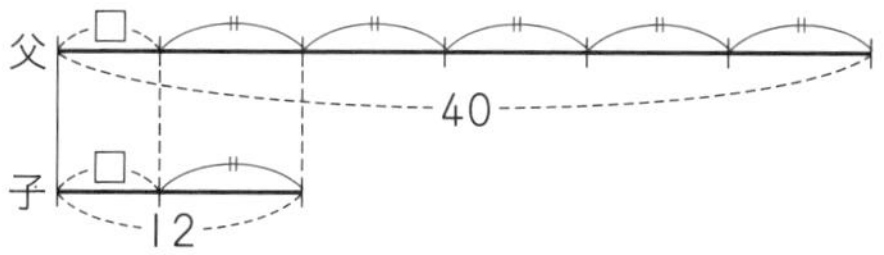

年れいの差は 40−12=28 (才) で，これは子どもの年れいの 5−1=4 (倍) です。
□年前の子どもの年れいは，28÷4=7 (才)
よって，12−7=5 (年前)

3 年れいの差は 40−8=32 (才) で，これは 3 倍になるときの子どもの年れいの 3−1=2 (倍) です。
3 倍になるときの子どもの年れいは，
32÷2=16 (才)

4 年れいの差は 52−17=35 (才) で，これは 8 倍だったときの子どもの年れいの 8−1=7 (倍) です。
8 倍だったときの子どもの年れいは，
35÷7=5 (才)
よって，17−5=12 (年前)

5 3 倍になるのが□日後とすると，2 人とも

(100×□) 円ずつ使っているので，次の図のようになります。

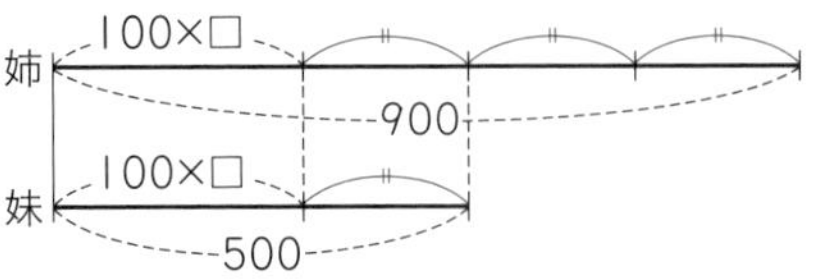

2 人のお金の差は 900−500=400 (円) で，これは妹のお金の 3−1=2 (倍) です。
□日後の妹のお金は，400÷2=200 (円)
よって，100×□=500−200
100×□=300
□=300÷100=3

6 やすこさんと姉の年れいをたすと，
12+15=27 (才)
母の年れいと等しくなるのが□年後とすると，3 人とも□才ずつ年をとるから

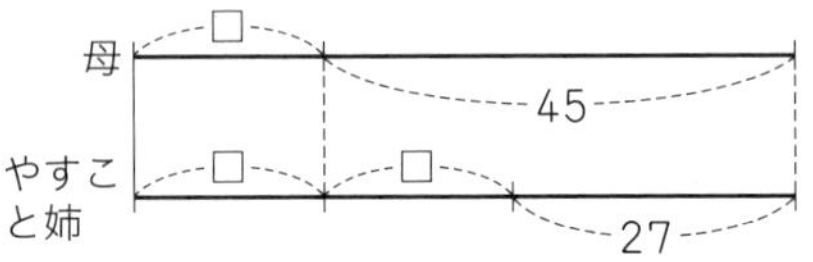

□=45−27=18 (年後)
別のとき方　線分図で考えにくいときは，□を使って式で表す方法もあります。
(12+□)+(15+□)=45+□ より，
□=45−12−15=18 (年後)

ステップ 2

116~117ページ

1 24 年後
2 15 才
3 8 年後
4 5 年前
5 3200 円
6 9 才
7 (1) 13 才　(2) 9 年前
8 20

とき方

1 わたしと妹の年れいをたすと，
11+(11−4)=18 (才)
お父さんの年れいと等しくなるのが□年後とすると，3 人とも□才ずつ年をとるから，
□=42−18=24 (年後)

2 今から 5 年前の父と子の年れいの和は，
60−5×2=50 (才)
このとき，父の年れいは子の年れいの 4 倍だったので次の図のようになります。

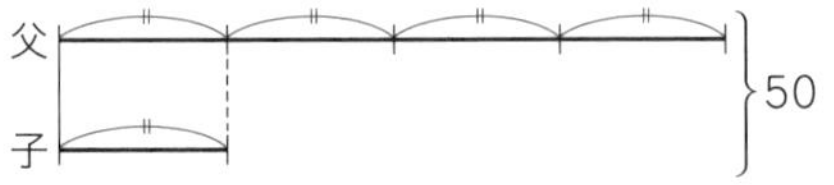

5 年前の子の年れいは，50÷(4+1)=10 (才)
今の子の年れいは，10+5=15 (才)

3 2 倍より 6 才多くなるのが□年後とすると，次の図のようになります。

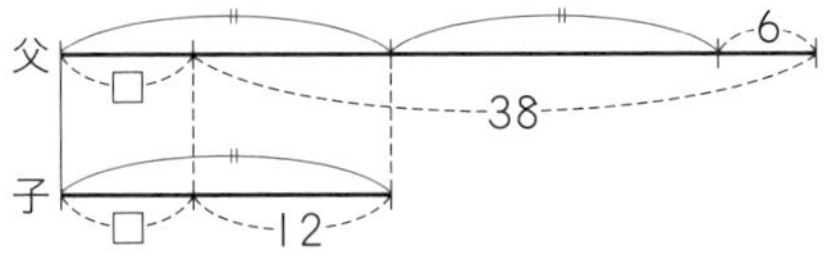

年れいの差は 38−12=26 (才) で，□年後の子どもの年れいは 26−6=20 (才) と同じです。
よって，20−12=8 (年後)

4 父と母の年れいをたすと，36+38=74 (才)
2 人の子どもの年れいをたすと，
10+8=18 (才)
年れいの差は 74−18=56 (才)
よって，8 倍だったときの子ども 2 人の年れいの和は，56÷(8−1)=8 (才)
したがって，(18−8)÷2=5 (年前)

5 A が 6000+400=6400 (円) 持っていると考えて，A と B が□円の品物を買ったとすると，次の図のようになります。

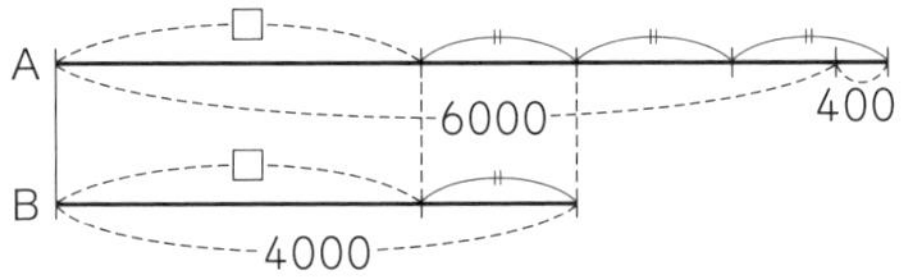

2 人が持っているお金の差は，
6400−4000=2400 (円)
よって，□円使ったあと B が持っているお金は，
2400÷(3−1)=1200 (円)
品物の金がくは，4000−1200=2800 (円)
A が実さいに持っているお金は，
6000−2800=3200 (円)

6 下の図のようになるので，今の A さんと弟の年れいの和は，21 才です。

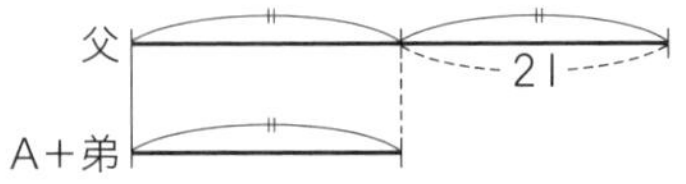

A さんと弟の年れいの和が 21 才で，差が 3 才なので，右の図より，今の弟の年れいは，

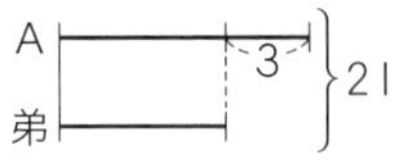

(21−3)÷2=9 (才)

7 (1) わたしとお兄さんの年れいの和は 29，差は 3 だから，
お兄さんは (29+3)÷2=16 (才)
わたしは 16−3=13 (才)

(2) 3倍だったのが□年前とすると，次の図のようになります。

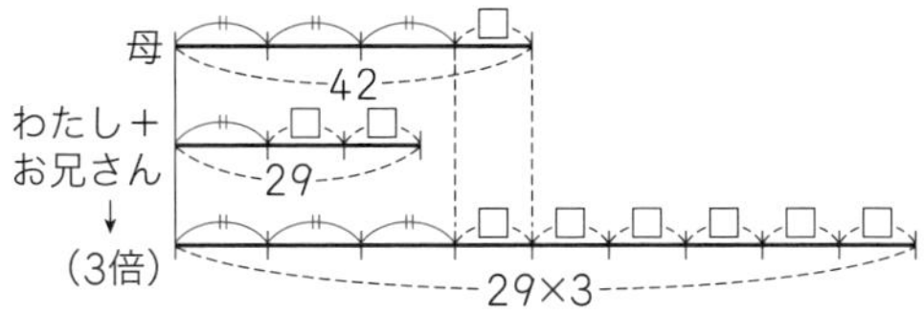

したがって，□×5=29×3−42
□×5=45
□=45÷5=9

8 下の図のようになるので，4年前の2人の年れいの合計は，8×2−4=12（才）

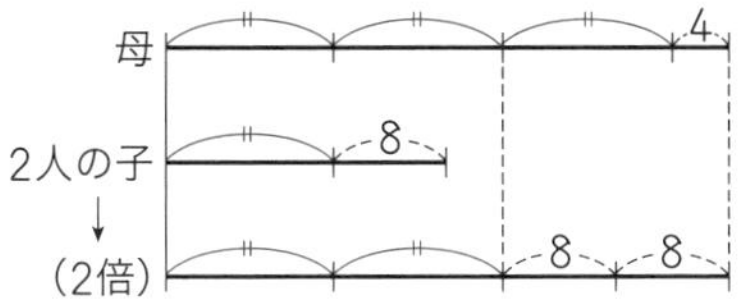

今の2人の子の年れいの合計は，
12+8=20（才）
今の母の年れいは，20×2=40（才）
母の年れいと2人の子どもの年れいの合計との差は，1年で2−1（才）ずつ小さくなっていくから，(40−20)÷(2−1)=20（年後）

21～25 ステップ3　118～119ページ

1 さくらの木…9本　やなぎの木…32本
2 (1) 20こ　(2) 36こ
3 子ども…5人　赤いビー玉…11こ
青いビー玉…32こ
4 (1) 37才　(2) 36年前
5 ボールペン…6本　消しゴム…3こ
ノート…9さつ
6 9こ

とき方

1 さくらの木の数は，
120÷15+1=9（本）
さくらの木とさくらの木の間は8つ，15mの両はしはさくらの木だから，
15÷3−1=4（本）
さくらの木とさくらの木の1つの区間に，4本のやなぎの木が植えられます。
4×8=32（本）

2 (1) 1辺《へん》に 8−2=6（こ）がならんだ正方形になり，さらにその次の内側《うちがわ》には，1辺に 6−2=4（こ）がならんだ正方形があります。
よって，6×6−4×4=36−16=20（こ）
別のとき方　四すみの重なりに気をつけて，
5×4=20（こ）
(2) たて4こ，横16この長方形の次の内側には，たて 4−2=2（こ），横 16−2=14（こ）の長方形があります。よって，
64−2×14=36（こ）

3 青いビー玉と赤いビー玉のこ数をそろえるために，赤いビー玉を21こ加《くわ》えて考えます。
すると，赤いビー玉を3つずつ配ったら，
21−4=17（こ）あまったことになります。
差《さ》の集まりは 17−2=15（こ）
1人分の差は 6−3=3（こ）
人数は，15÷3=5（人）
青いビー玉は，6×5+2=32（こ）
赤いビー玉は，あとから加えた21をひいて，
32−21=11（こ）

4 (1) 父と母の年れいの和は78才，差は4才だから，
父の年れいは (78+4)÷2=41（才）
母の年れいは 41−4=37（才）
(2) 7倍だったのが□年前とすると，次の図のようになります。

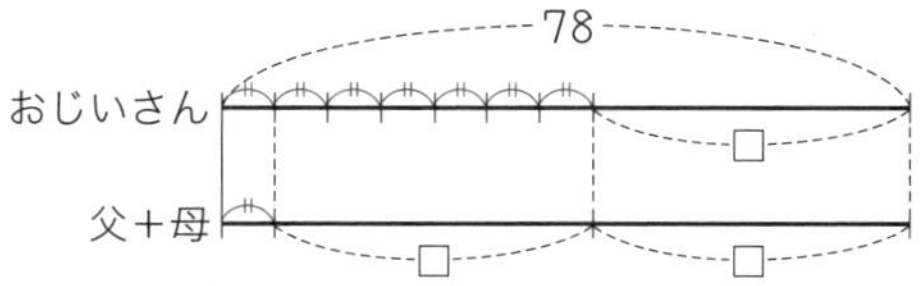

□年前のお父さんとお母さんの年れいの和の 7+6=13（倍）が78才だから，
□=(78÷13)×6=36（年前）

5 ノートのさっ数は消しゴムのこ数の3倍だから，40×1+50×3=190（円）で1つのセットと考えます。このセットは4つの品物からできているので，1つあたりのねだんは，
190÷4=47.5（円）
18点ともボールペンを買ったとすると，
280×18=5040（円）
280円のボールペンを47.5円の品物に変《か》えると，1つにつき 280−47.5=232.5（円）安くなります。
(5040−2250)÷232.5=12（こ）を47.5円の品物に変えることになるから，消しゴムとノートのセットを，12÷4=3 セット買うことになります。

6 大きいテーブルに4人ずつ，小さいテーブルに2人ずつ多くすわるようにすると，28席《せき》の不《ふ》足《そく》から34席のあまりになるので，28+34=62

より，62 人分の席がふえます。
全部小さいテーブルとすると，
$2\times22=44$（席）ふえるはずだから，
大きいテーブルは，
$(62-44)\div(4-2)=18\div2=9$（こ）

そうふく習テスト①　120〜121ページ

❶ (1) 4.7　(2) 2.36　(3) 2.244　(4) $4\frac{2}{5}\left(\frac{22}{5}\right)$
(5) $1\frac{4}{7}\left(\frac{11}{7}\right)$　(6) $\frac{8}{9}$

❷ (1) 63000000　(2) 400000000　(3) 20
(4) 400

❸ (1) $2\frac{1}{5}\left(\frac{11}{5}\right)$ L　(2) $\frac{3}{5}$ L

❹ (1) 55°　(2) 125°　(3) 310°

❺ (1) m^2　(2) cm^2　(3) m^2　(4) km^2

❻ (1) 1.58 kg　(2) 27.3 kg

❼ (1) 26 本　(2) 21 本

とき方

❶ (5) $3\frac{2}{7}-1\frac{5}{7}=2\frac{9}{7}-1\frac{5}{7}=1\frac{4}{7}$

❷ (1) $9000\times7000=63000000$
(3) $60000\div3000=20$

❸ (1) $\frac{4}{5}+1\frac{2}{5}=1\frac{6}{5}=2\frac{1}{5}$ (L)
(2) $1\frac{2}{5}-\frac{4}{5}=\frac{7}{5}-\frac{4}{5}=\frac{3}{5}$ (L)

❻ (1) $3.4-1.82=1.58$ (kg)
(2) $1.82\times15=27.3$ (kg)

❼ (1) $200\div8+1=26$（本）
(2) $200\div10+1=21$（本）

そうふく習テスト②　122〜123ページ

❶ (1) 59 あまり 1　(2) 43 あまり 3　(3) 87
(4) 23 あまり 4　(5) 24 あまり 7　(6) 96

❷ (1) 0.8　(2) 340　(3) 23000
(4) 0.56　(5) 2.5　(6) 120

❸ (1)
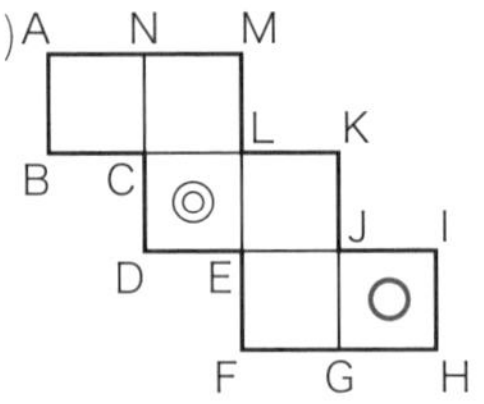

(2) 点 K，点 I

❹ (1) 184 cm^2　(2) 20 cm^2

❺ (1) 21.6 kg　(2) 1.44 kg

❻ 50000 から 149999 まで

❼ (1) 95 きゃく　(2) 126 きゃく

とき方

❶ (1)
$$\begin{array}{r} 59 \\ 5\overline{)296} \\ \underline{25} \\ 46 \\ \underline{45} \\ 1 \end{array}$$
(3)
$$\begin{array}{r} 87 \\ 7\overline{)609} \\ \underline{56} \\ 49 \\ \underline{49} \\ 0 \end{array}$$
(4)
$$\begin{array}{r} 23 \\ 24\overline{)556} \\ \underline{48} \\ 76 \\ \underline{72} \\ 4 \end{array}$$
(6)
$$\begin{array}{r} 96 \\ 32\overline{)3072} \\ \underline{288} \\ 192 \\ \underline{192} \\ 0 \end{array}$$

❷ 1 m^2=10000 cm^2
1 a=100 m^2　1 ha=10000 m^2
1 ha=100 a　1 km^2=1000000 m^2

❸ (2) 辺《へん》 ML と辺 KL，さらに辺 KJ と辺 IJ が重なることからわかります。

❹ (1) $12\times18-8\times(18-7\times2)=184$ (cm^2)
(2) $2\times2\times5=20$ (cm^2)

別のとき方

(1) $12\times7\times2+(12-8)\times(18-7\times2)$
$=184$ (cm^2)
(2) $2\times3\times2\times3-2\times2\times4=20$ (cm^2)

❺ (1) $1.8\times12=21.6$ (kg)
(2) $21.6\div15=1.44$ (kg)

❻ 四捨五入《ししゃごにゅう》では，四捨五入する位《くらい》の数が 4 以下《いか》か 5 以上であるかを見るだけではんだんでき，4 以下の場合は切り捨《す》て，5 以上の数は切り上げになります。

❼ (1) $377\div4=94$ あまり 1
$94+1=95$（きゃく）
(2) $377\div3=125$ あまり 2
$125+1=126$（きゃく）

そうふく習テスト③　124〜125ページ

1 (1)8.7　(2)28.21　(3)10.78　(4)2.225
(5)30.9　(6)2.8625

2 (1)190000　(2)180000　(3)180000

3 (1)箱にはいっているいもが 0.8 kg 重い
(2)14 kg

4 (1)　　　　(2)

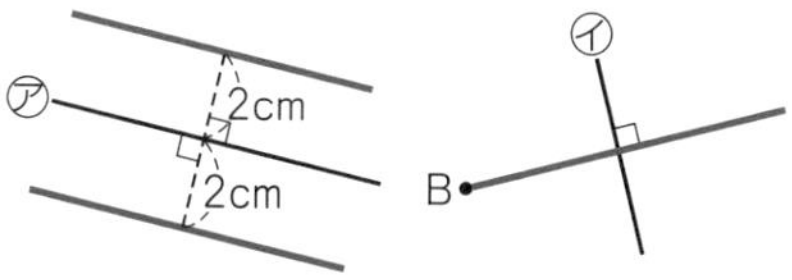

5 (1)103.8 m^2　(2)25.95 m^2

6 7 まい

7 30 こ

とき方

1 (4)

```
      2.225
  8)17.800
    16
     18
     16
      20
      16
       40
       40
        0
```

(5)

```
     30.9
  7)216.3
    21
      63
      63
       0
```

3 (1)かごのいもは，7.4−0.8=6.6 (kg)
箱のいもは，9.2−1.8=7.4 (kg)
したがって，7.4−6.6=0.8 (kg)
(2)6.6+7.4=14 (kg)

5 (1)8.65×12=103.8 (m^2)
(2)103.8÷4=25.95 (m^2)
別のとき方　(2)12÷4=3
8.65×3=25.95 (m^2)

6 12 まい全部を 50 円切手としたら，
50×12=600 (円)
50 円切手を 80 円切手にかえると，
1 まいあたり 80−50=30 (円) 高くなります。
(750−600)÷30=5
50 円切手は，12−5=7 (まい)

7 1 まいでできるひし形…16 (こ)
4 まいでできるひし形…9 (こ)
9 まいでできるひし形…4 (こ)
16 まいでできるひし形…1 (こ)
16+9+4+1=30 (こ)

そうふく習テスト④　126〜128ページ

1 (1)2.2 あまり 0.55　(2)0.9 あまり 0.86
(3)2.6 あまり 1.1　(4)3.63　(5)1.04
(6)2.24

2 ㋐42°　㋑138°

3 (1)52　(2)6　(3)1.8　(4)8　(5)18　(6)6

4 9 年後

5

科学の本＼物語の本	好《す》き	きらい	計
好き	12	6	18
きらい	8	4	12
計	20	10	30

(人)

6 (1)12 度　(2)12 時から 1 時
(3)3 時から 4 時　(4)1 時から 2 時

7 (1)180 m^2　(2)525 cm^2

8 (1)長方形　(2)ひし形　(3)正方形

9 (1)31 本　(2)23 こ

とき方

1 小数÷整数 のわり算では，商にもあまりにも，わられる数の小数点の位《い》置《ち》にあわせて，小数点をうちます。

(1)

```
      2.2
  6)13.75
    12
     17
     12
     0.55
```

(2)

```
     0.9
  9)8.96
    81
    0.86
```

(4)

```
      3.633
  3)10.900
     9
     19
     18
      10
       9
       10
        9
        1
```

(5)

```
     1.041
  7)7.289
    7
     28
     28
       9
       7
       2
```

3 (1)□−27=110−85
□−27=25
□=25+27
□=52
(2)11×6=29×6−18×□
18×□=29×6−11×6
18×□=18×6
□=6

(3) $5.3-\square=24.5\div7$

$5.3-\square=3.5$

$\square=5.3-3.5$

$\square=1.8$

(4) $53\times\square=424$

$\square=424\div53$

$\square=8$

(5) $\square-3.6=3.6\times4$

$\square-3.6=14.4$

$\square=14.4+3.6$

$\square=18$

(6) $42\div\square=7$

$\square=42\div7$

$\square=6$

4 5 倍になるときの私の年れいは，
$(61-5)\div(5-1)=14$（才）
したがって，$14-5=9$（年後）

5 2 つの観点《かんてん》でデータを整理するときは，表が役に立ちます。まず，わかっている人数を書きこみます。

7 (1) $(13-3)\times(20-2)=180$ (m^2)

(2) $18\times30-3\times5=525$ (cm^2)

8 (1) 2 本の対角線の長さが等しく，おたがいの真ん中で交わります。

(2) 長さのちがう対角線が，おたがいの真ん中で直角に交わります。

(3) 2 本の対角線の長さが等しく，おたがいの真ん中で直角に交わります。

9 次のような表をつくって考えます。

正方形の数	1	2	3
ストローの数	4	7	10

(1) 正方形が 1 つの場合は，ストローが 4 本です。これを $1+3$ と見て，正方形が 1 つふえるたびにストローが 3 本ずつふえています。
$1+3\times10=31$（本）

(2) $(70-1)\div3=23$（こ）